Matthias Surovcik

Aufbau und Erhalt einer Elektrosicherheitsstruktur

Management und Verantwortliche Elektrofachkraft in der Pflicht

Aufbau und Erhalt einer Elektrosicherheitsstruktur

Management und Verantwortliche Elektrofachkraft in der Pflicht

Englischer Titel: Creating and maintaining an electrical safety structure - Duties of Management and chief responsible electrical specialists

http://tcs-engineering.de

Impressum:

Bibliografische Information der Deutschen Nationalbibliothek
Die Deutsche Nationalbibliothek verzeichnet diese Publikation in der Deutschen Nationalbibliografie; detaillierte bibliografische Daten sind im Internet über http://dnb.d-nb.de abrufbar.

Titel: Aufbau und Erhalt einer Elektrosicherheitsstruktur

Untertitel: Management und Verantwortliche Elektrofachkraft in der Pflicht

Autor: Matthias Surovcik

Korrektorat: TPDDP – Puhl & De Pizzol GbR

1. Auflage

Erstveröffentlichung: Juli 2022

Verwendete Schriftart: Charis SIL

Verlag: Matthias Surovcik Verlag, Wald https://msverlag.com

ISBN: 978-3-943247-09-1

https://tcs-engineering.de

Inhaltsverzeichnis

Einleitung

Dass die Elektrosicherheit als Teil des gewerblich obligatorischen Arbeitsschutzes ein besonderer Bereich ist, gelangt zunehmend ins Blickfeld von Management und Unternehmensführung gerade mittelständischer sowie großer Unternehmen. Und das zurecht nicht nur auf nationaler, sondern auch auf internationaler Ebene!

Im Rahmen der Nachhaltigkeit von Lieferketten, der sogenannten „*Supply Chain Sustainability*", ist neben dem Blick auf Umwelt und faire Behandlung auch der Nachweis einer adäquaten Arbeitssicherheit und damit auch der Sicherheit elektrischer Anlagen und Betriebsmittel von zentraler Bedeutung. Wer im internationalen Wettbewerb bestehen will, muss zunehmend transparent und nachhaltig agieren. Egal, ob es um das Beliefern von Kunden auf der ganzen Welt oder um die eigene Produktion an verschiedenen Standorten der Welt geht.

Das Beachten der „*Supply Chain Sustainability*" endet nicht am Rand des eigenen Firmengeländes. So müssen Sie einfordern, was Sie selbst umsetzen: eine umfängliche Elektrosicherheitsstruktur. Diese Unternehmerpflicht, übernommen und ausgefüllt von einer Verantwortlichen Elektrofachkraft, entspricht grundsätzlich, aber nicht abschließend der Aufsichts-, Kontroll-, Organisations-, Fürsorge-, Verkehrssicherungs-, Auswahl-, und Dokumentationspflicht.

Dieses Werk befasst sich mit den Strukturen und dem Aufbau betrieblicher Elektrosicherheit als Teil der genannten unternehmerischen Pflichten, nicht in Form einer wissenschaftlichen Publikation, sondern als konkrete Unterstützung von Fachleuten, welche diese Aufgabe übernehmen oder übergeben.

Ihr Auftreten in dieser Position, welche in einer fachlichen Rolle als „*Verantwortliche Elektrofachkraft*“ bezeichnet wird, besteht aus dem von außen sichtbaren Teil des zum größten Teils unter Wasser liegenden Eisberges Ihrer Aufgaben. Und glauben Sie mir, wenn ich Ihnen sage, dass dieser Eisberg ganz schön viel unter der Oberfläche hat.

Um diese Aufgaben umzusetzen, ist es erforderlich, den Stand der Technik, Sicherheit und Gesetzeslage zu kennen. Die Regeln der Elektrotechnik sind in ihren Details nicht unveränderlich in Stein gemeißelt. Die Weiterentwicklung von Sicherheit und ihren Vorschriften basiert nicht nur auf technischen Erneuerungen, sondern insbesondere auch auf Erfahrungen. Zudem ist die Elektrosicherheit nicht alleinstehend; sie ist ein wichtiger Teil eines Unternehmens.

Eine gute Kommunikation mit der Geschäftsleitung und allen anderen Verantwortungsbereichen ist hierfür unumgänglich. Genauso wenig wie das Qualitätsmanagement oder die Verwaltung darf auch die Sicherheit nicht zum Selbstzweck werden. Auch wenn alle an einem Strang ziehen, muss man aus der Sicht der eigenen Verantwortung die unbequemen Fragen stellen und Anforderungen früh und klar benennen.

Nicht nur in ressortübergreifenden Gremien, sondern gerade innerhalb Ihres Verantwortungsbereiches.

Als für die Elektrosicherheit verantwortliche Person haben Sie die Fachaufsicht für die in Ihrem Zuständigkeitsbereich tätigen Fachkräfte. Mit diesen müssen Sie ebenso kommunizieren und Ihre eigene Struktur aufbauen, welche ein Teil der Unternehmensstruktur sein muss. Diese muss es Ihnen auch ermöglichen, den Überblick zu behalten, damit Ihre Arbeit nicht zu einer chaotischen Papierschlacht wird.

Das Erstellen und Absegnen von Arbeitsanweisungen, Verfahrensdokumentationen und Betriebsvorgaben der Elektrosicherheit gehören dabei ebenso zu Ihrem Verantwortungsfeld wie die Erarbeitung einer Qualifizierungsmatrix ebenso wie die Ernennung und das Einsetzen geeigneter Fachleute. Dies erzeugt im klassischen Sinne viele Dokumente – egal, ob analog oder digital. Auch hierfür bedarf es einer Struktur, denn nur allzu leicht landet undifferenziert alles in einer großen Ablage.

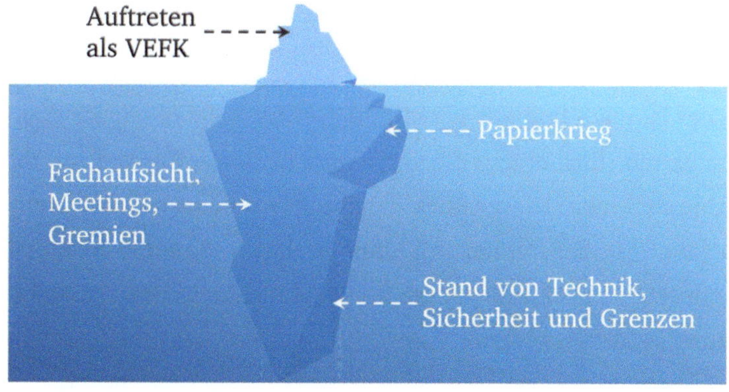

Dieses Buch wurde geschrieben, um sowohl das Management der Elektrosicherheit beziehungsweise die Rolle als Verantwortliche Elektrofachkraft mit ihren unterschiedlichen Faktoren und Auswirkungen zu beschreiben als auch die Unterstützung beim Aufbau einer adäquaten Struktur zu bieten, ohne sich dabei auf einzelne Normen oder zumeist nationale Gesetze berufen zu müssen.

Dabei werden Sie als für die Elektrosicherheit verantwortliche Person auch als Verantwortliche Elektrofachkraft angesprochen, da ich als Autor davon ausgehe, dass Sie dies als mein Leser sind. Damit richte ich mich in erster Linie an Menschen, welche entweder als Unternehmer oder Manager grundsätzlich für die Sicherheit verantwortlich sind oder aber diese Aufgabe und Verantwortung übertragen bekommen haben beziehungsweise übertragen bekommen sollen oder sich zumindest des Themas in Ihrem Unternehmen annehmen.

Falls es in Ihrem Unternehmen bereits eine Elektrosicherheitsstruktur gibt, so werden Sie feststellen, dass diese in ihren Details den Anforderungen Ihres Unternehmens angepasst wurde und damit nicht buchstabengetreu einer vorgegebenen Vorlage folgt.

Dies ist auch immens wichtig! Als Autor möchte ich Sie dazu anhalten, Ihre eigene Struktur aufzubauen – Sie kennen Ihr Unternehmen. Dieses Buch möchte Ihnen nicht vorgeben, wie exakt es bei Ihnen zu laufen hat, sondern lediglich Anregungen, Anhaltspunkte und eine fachliche Unterstützung für Ihre Arbeit bieten.

Aber auch dann, wenn Sie keine eigene hohe Verantwortung tragen, sondern beispielsweise als Elektrofachkraft auf operativer Ebene das Thema der strukturellen Elektrosicherheit näher interessiert, werden Sie in diesem Werk fündig. Sie werden grundsätzliche Zusammenhänge und Strukturanforderungen kennenlernen, wie sie weltweit gefordert und benötigt als auch anerkannt werden. Auch wenn bestimmte Aspekte in unterschiedlichen Ländern unterschiedlich und teils von Beschreibungen in diesem Buch abweichend differenziert, tituliert oder gewichtet werden, bleibt die Konsequenz für den Aufbau einer Elektrosicherheitsstruktur bestehen.

So hilfreich und nützlich Ihnen dieses Buch auch ist, seien Sie sich bitte bewusst: Dieses Buch ersetzt mit all seinen Inhalten weder eine adäquate, professionelle rechtliche Beratung im Einzelfall noch die Anpassung an die jeweils vor Ort geltenden Gesetze und Bestimmungen und natürlich an die Spezifikationen Ihres Unternehmens, die hier keineswegs abgebildet sein können.

Jedoch erfüllt es die Bedürfnisse eines nicht nur nationalen, sondern weltweiten Sicherheitsanspruchs und ist gerade bei nicht rein nationalen Projekten und Standortanforderungen eine sehr gute Hilfe und ein wertvoller Begleiter, bei neuen wie bei bestehenden Aufgaben als für die Elektrosicherheit verantwortliche Person, welche im Weiteren, wie bereits erwähnt, auch als die Verantwortliche Elektrofachkraft bezeichnet wird.

Mitarbeiter und Rollen in der Elektrotechnik

Sie als für die Elektrosicherheit verantwortliche Person in der Rolle der Verantwortlichen Elektrofachkraft sind eine Schlüsselfigur im Thema der Elektrotechnik, weswegen ich mit dieser Rolle beginne. Vereinfacht gesagt, geht es darum, zu verhindern, dass es zu Arbeitsunfällen im Zusammenhang mit elektrotechnischen Anlagen, Betriebsmitteln oder Arbeiten kommt. Für eine Struktur zu sorgen, die solche Unfälle verhindert, liegt grundsätzlich im Aufgabenbereich des Unternehmers. Der Unternehmer ist dazu verpflichtet, die notwendigen Maßnahmen zur Gewährleistung eines wirksamen Arbeitsschutzes zu treffen.

Dabei müssen alle Gegebenheiten berücksichtigt werden, welche nicht nur die Sicherheit, sondern auch die Gesundheit von Mitarbeiterinnen und Mitarbeitern bei der Arbeit beeinflussen. Zudem muss jeder Unternehmer für eine Organisationsstruktur sorgen, die hierfür geeignet ist. Dazu gehört auch, die zu diesem Zweck erforderlichen Mittel bereit zu halten und Materialien wie Gerätschaften zur Verfügung zu stellen und hierzu gegebenenfalls diese rechtzeitig zu beschaffen. Dies wird unterschiedlich formuliert, aber inhaltlich vergleichbar entweder direkt oder herleitbar im Großen oder Kleinen in Gesetzestexten und Vorschriften der meisten Länder der Welt zu finden sein.

Wenn die Unternehmensführung diese Aufgaben im Bereich der Elektrosicherheit nicht übernehmen kann oder will – sei es aus Gründen des fachlichen Hintergrundes oder der Arbeitsprioritäten –, können diese an eine geeignete Person übertragen werden. Jene für die Elektrosicherheit verantwortliche Person ist die sogenannte Verantwortliche Elektrofachkraft, abgekürzt die VEFK. In diesem Buch soll der Begriff der Verantwortlichen Elektrofachkraft grundsätzlich neben der Bezeichnung der für die Elektrosicherheit verantwortlichen Person verwendet werden. Gemeint ist aber nicht lediglich die explizit schriftlich ernannte, Verantwortliche Elektrofachkraft – auch wenn dies allein aus Dokumentationszwecken und damit zur Erlangung von Rechtssicherheit sehr zu empfehlen ist! –, sondern auch jede andere de facto für die Elektrosicherheit verantwortliche Person wie eine Betriebsleitung oder ein verantwortlicher Meister der Elektrowerkstatt, wenn keine explizit ernannte, separate Verantwortliche Elektrofachkraft existiert.

Die von der Verantwortlichen Elektrofachkraft übernommenen Unternehmerpflichten sind grundsätzlich, aber nicht abschließend die Aufsichts-, Kontroll-, Organisations-, Fürsorge-, Verkehrssicherungs-, Auswahl-, und Dokumentationspflicht, wobei die Verantwortliche Elektrofachkraft seitens der Unternehmensleitung weisungsfrei gestellt ist. Das bedeutet, dass die Verantwortliche Elektrofachkraft keinerlei Weisung untersteht und in Sachen Elektrosicherheit die alleinige Entscheidungsbefugnis hat. Schließlich trägt diese auch die Verantwortung. Dies ergibt sich natürlich aus einem Vertrag, der eine solche Pflichtenübertragung regelt, ist aber allein aus dem Verantwortungsverständnis eine Grundvoraussetzung der geregelten Pflichtenübertragung. So ist es nicht möglich, eine Verantwortung zu übertragen, ohne die dazugehörige Befugnis, Entscheidungen zu treffen. Wäre dies möglich, so spräche man nicht von einer Verantwortlichen Person, sondern im klassischen Sinne von einem Prügelknaben. Folglich würde allein der Versuch, sich seiner Verantwortung als Unternehmer auf diese Weise zu entledigen, im Regelfall nicht anerkannt werden.

Allein schon, wenn Sie auf Missstände hinweisen, nichts dagegen tun können und die obere Verantwortungsebene untätig bleibt, würde diese damit automatisch die alleinige Verantwortung übernehmen. Und tatsächlich: Solange niemand als für die Elektrosicherheit verantwortliche Person benannt worden ist, hat die Geschäftsleitung die Pflichten der Elektrosicherheit vollumfänglich und allein inne. Die Elektrosicherheit in der Hand der Geschäftsleitung zu behalten, kann je nach Unternehmen auch Vorteile haben. Der größte Vorteil liegt sicherlich darin, dass so die Geschäftsleitung die Kontrolle behält. Die Aufgaben der Elektrosicherheit selbst zu übernehmen, beinhaltet natürlich mehr Möglichkeiten der Intervention. Damit geht auch der Vorteil der flexibleren Entscheidungen auf oberster Managementebene konform. Insbesondere bei der Budgetierung von Mitteln des elektrotechnischen Arbeitsschutzes herrscht so eine gute Dynamik. Die klarere Hierarchie kann außerdem nicht nur für die Geschäftsleitung, sondern auch für die Belegschaft angenehmer sein. Die strategische, fachliche und disziplinarische Führungsrolle zu vereinen, bedeutet, nur einen obersten Chef zu haben, was beispielsweise Zuständigkeitsprobleme vermeidet.

Natürlich setzt dies voraus, dass die Geschäftsleitung auch die fachlichen und persönlichen Voraussetzungen einer für die Elektrosicherheit verantwortlichen Person erfüllt. Trotz all dieser nicht von der Hand zu weisenden Vorteile kann die Abgabe der Aufgaben der Elektrosicherheit dennoch interessant und vor allem sinnvoll sein. Mehr Zeit für und auch den Fokus auf die eigentlichen Aufgaben einer Geschäftsleitung zu haben, spricht besonders dafür. In der Unternehmensleitung gibt es so schon sehr viele Aufgaben, die man noch zusätzlich übernehmen muss. Das Delegieren der Elektrosicherheit befreit Ressourcen, die zur Leitung des Unternehmens benötigt werden.

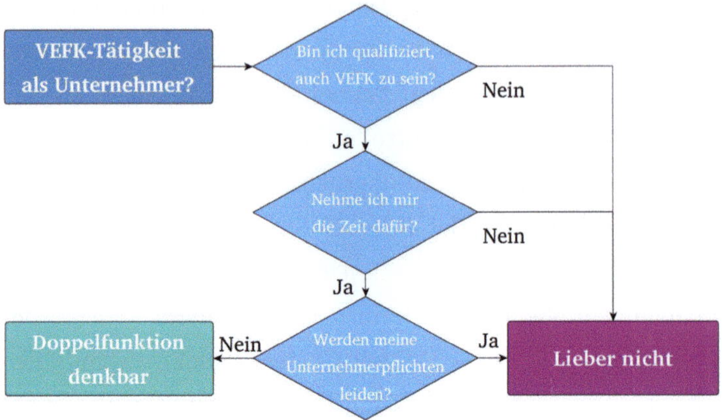

Damit geht auch einher, dass sich bei einer Aufgabenteilung jeder stärker auf seine Kerngebiete fokussieren kann. Eine explizit mit der Elektrosicherheit beauftragte Person kann sich besser auf das Thema fokussieren als die alles leitende Geschäftsführung. Auch vermeidet man damit den Verdacht des Interessenkonfliktes bei der Abwägung betriebswirtschaftlicher Interessen und der Kosten der Sicherheit.

Zudem sollte der Umfang der Aufgaben in der Verantwortung für die Elektrosicherheit nicht unterschätzt werden. Tendenziell lässt sich sagen, je größer der Betrieb, desto eher sollte die Verantwortung für die Elektrosicherheit von jemand anderem als dem Betriebsleiter übernommen werden, auch wenn das natürlich im Regelfall die Entscheidung der Betriebsleitung selbst ist.

Seien Sie sich stets darüber bewusst, was die Aufgaben der Positionen in Ihrem Unternehmen sind, dies ist in der organisierten Elektrosicherheit ebenso wichtig wie in anderen Themenbereichen. Die drei wichtigsten Rollen sind die Fachkraft, das Management und die Unternehmensleitung.

Eine Fachkraft hat eine Aufgabe und möchte diese so effektiv, gut und direkt wie möglich lösen. Die Fachkraft ist grundsätzlich ergebnisorientiert.

Die Unternehmensleitung in ihrer Reinform ist ausschließlich auf der strategischen Ebene tätig. Hier werden die großen Entscheidungen gemacht und der Kurs des gesamten Schiffes bestimmt.

Wenn Sie für die Elektrosicherheit Verantwortung tragen und Entscheidungen treffen müssen, könnte man auch folgern, dass Sie sich prinzipiell in der Ebene dazwischen befinden: im Management. Das Management hat die Aufgabe, Prozesse und Strukturen zu definieren sowie für deren Umsetzung zu sorgen. Sie müssen Strukturen aufbauen, welche am besten in allen Bereichen vergleichbar, leicht verständlich und möglichst hilfreich sind.

Die Vorgaben, die Sie machen müssen, stehen der eigentlichen Natur einer Fachkraft oft im Weg. So muss diese sich an Ihre Vorgaben halten und, wenn es durch die Struktur vorgegeben ist, auch die eigene Arbeit entsprechend der Vorgaben unterbrechen, statt sie zu Ende zu bringen oder überhaupt auszuführen.

Eine Struktur hat nicht immer den kürzesten Weg von A nach B zum Inhalt, auch wenn ein Mitarbeiter auf der Fachebene naturgemäß die eigene Arbeit so effizient, unbürokratisch und einfach wie möglich durchführen möchte. Dass man aber nicht immer den kürzesten Weg gehen kann, kann in der Frage nach der Sicherheit oder in Strategie- oder Managementanforderungen sowie gesetzlichen Zwängen begründet sein.

Dabei geht es bei Weitem nicht nur um Faktoren, wie beispielsweise das Empfinden, eine persönliche Schutzausrüstung sei unbequem oder erschwere die Arbeit.

Es sind oft eben die Strukturen selbst: Eine Anlage, die zwar höchstwahrscheinlich in Ordnung ist, muss dennoch zuerst geprüft werden. Auf die Prüfung der Notwendigkeit der Arbeit unter Spannung muss gewartet werden; nur bestimmte Personen dürfen bestimmte Arbeiten und vieles mehr anweisen, was den Arbeitsablauf aus oberer Sicht sicherstellt, aber aus fachlicher Sicht manchmal sogar behindert.

Vorgaben können Mitarbeiter immens nerven, selbst wenn die genervte Fachkraft voll und ganz den Sinn der Struktur begreift, aber eben doch einfach nur im Kopf hat, ihre Arbeit zu machen.

Trotz der erörterten Differenz zwischen Managementebene und Fachebene sprechen wir im Kontext der Elektrosicherheit von der „*Verantwortlichen Elektrofachkraft*“ und nicht vom „*Verantwortlichen Elektrosicherheitsmanager*“. Dies ist auch ein wichtiger Aspekt, der verdeutlicht, dass man als für die

Elektrosicherheit verantwortliche Person nicht einfach nur „*managed*". Management selbst ist eine eigene Ebene, welche im Regelfall es zwar begrüßt, aber nicht voraussetzt, dass man vom Fach des zu managenden Gebietes ist. Bei der Elektrosicherheit ist ganz klar: Wenn Sie hier die Verantwortung übernehmen, müssen Sie vom Fach sein! Sie müssen die technischen Faktoren Ihres Arbeitsgebietes kennen, um entsprechende Entscheidungen treffen zu können. Sie sind also sowohl auf fachlicher Ebene mit Ihrem Verantwortungsgebiet auf Augenhöhe als auch aufgrund Ihrer Position durchaus als eine besondere Art Manager tätig und müssen Strukturen aufbauen und Vorgaben machen.

Man darf auch Ihre Aufgabe nicht mit dem eines Projektmanagers gleichsetzen, denn Elektrosicherheit ist zumindest grundsätzlich kein Projektmanagement. Auch wenn sich der Strukturaufbau der Elektrosicherheit in einigen Punkten der Methoden des Projektmanagements durchaus nutzbringend bedienen kann, ist es kein Projektmanagement im ganz strengen Sinne, hierzu aber an späterer Stelle mehr.

Ihre Aufgabe besteht also auch darin, dafür zu sorgen, dass Ihre Vorgaben nicht nur sinnvoll sind, sondern ebenso angenommen werden. Dazu ist es wichtig, dass Sie sich mit den Mitarbeiterinnen und Mitarbeitern des Unternehmens auseinandersetzen. Daher soll im Weiteren zunächst auf die wichtigsten Rollen der operativen Arbeit eingegangen werden.

Die Elektrofachkraft – Das Rückgrat elektrotechnischer Arbeiten

Der Begriff „*Elektrofachkraft*" wird in verschiedenen Normen definiert. Nach herrschender Meinung bzw. nach allgemeinem Konsens ist Elektrofachkraft, wer aufgrund fachlicher Ausbildung, fachlicher Kenntnisse, fachlicher Erfahrung und hinreichendem Wissen anhand einschlägiger Bestimmungen wie Normen, Vorschriften oder auch Gesetzen die Arbeiten, welche man übertragenen bekommen hat, nicht nur ausführen, sondern auch beurteilen und die sich aus oder bei dieser Arbeit ergebenden Gefahren erkennen kann.

Das klingt einerseits gut definiert und andererseits sehr allgemein. Dies ist keinem Zufall oder gar einer Nachlässigkeit geschuldet, sondern beabsichtigt. Die fachliche Ausbildung in der Elektrotechnik macht dabei nur einen Teil der Voraussetzungen aus.

Das bedeutet, dass ein Mitarbeiter mit elektrotechnischer Berufsausbildung oder einem einschlägigen Studium nicht automatisch eine Elektrofachkraft ist. Zu dieser wird er aufgrund der genannten Definition vom Arbeitgeber aktiv ernannt bzw. als solche eingesetzt, was de facto einer Ernennung gleichkommt. Die Juristen sprechen in diesem Zusammenhang vom konkludenten Handeln des Arbeitgebers. Der Begriff der Elektrofachkraft beschreibt damit weniger eine formale Qualifizierung, sondern mehr einen Kompetenzstatus, welcher sich in erster Linie auf die

Elektrosicherheit von Menschen und Einrichtungen wie Anlagen bezieht.

Ein Universitätsabsolvent der Elektrotechnik ist nicht zwangsläufig näher am Status der Elektrofachkraft als jemand, der gerade seine Berufsausbildung abgeschlossen hat, oft sogar im Gegenteil.

Auch neue Mitarbeiterinnen und Mitarbeiter im Unternehmen sollte man nicht unbedingt vom ersten Tag an allein als Elektrofachkraft einsetzen. Neuen Mitarbeitern fehlt es zwar vielleicht nicht an hinreichend Arbeitserfahrung allgemein, wohl aber fehlt es ihnen an Arbeitserfahrung im neuen Unternehmen. Dies kann ebenfalls zu Fehlern führen.

Jeder Mensch braucht eine Einarbeitungszeit, um die Abläufe und die Kultur eines Unternehmens kennenzulernen. Da stellt die Elektrotechnik und insbesondere die Sicherheit in der Elektrotechnik keine Ausnahme dar. Zu den erforderlichen fachlichen Kenntnissen und Erfahrungen gehört nämlich auch die Kenntnis des Unternehmens beziehungsweise der Anlagen in welchem oder an welchen man tätig ist.

Dementsprechend ist es allgemeiner Konsens, dass eine fachliche Berufsausbildung oder ein Studienabschluss lediglich eine Basis ist, eine Art Lizenz zum Weiterlernen. Daher ist es durchaus angeraten ein Einarbeitungsprogramm für neue Elektrofachkräfte zu etablieren, zum Beispiel in Form eines Mentoring-Prinzips.

Die moderne Einschätzung zur Definition einer Elektrofachkraft liegt heute stärker in der beruflichen Praxiserfahrung denn in der reinen Berufsausbildung, welche mehr ein gutes Fundament darstellt.

Um die Sicherheit zu gewährleisten, gibt es auf vielen Gebieten die Möglichkeit, seine elektrotechnisch gut ausgebildeten Mitarbeiter zusätzlich qualifizieren zu lassen, was in einigen Bereichen regional, national oder auch international vorgeschrieben sein kann. Und auch im Fall ausreichender Fortbildungen darf die Praxis nicht unberücksichtigt bleiben.

Im genannten Fokus auf die Praxiserfahrung liegt aber auch begründet, dass der Status der Elektrofachkraft nicht allgemein auf die gesamte Elektrotechnik bezogen werden kann. Denn es gibt verschiedene Fachbereiche der Elektrotechnik und damit auch verschiedene Fachbereiche einer Elektrofachkraft. So gibt es beispielsweise die Elektrofachkraft für Gebäudeinstallationen, es gibt die Elektrofachkraft für Produktionsanlagen, die Elektrofachkraft für Hochvoltfahrzeuge, die Elektrofachkraft für Windkraftanlagen, die Elektrofachkraft für Photovoltaiksysteme und so weiter. Niemand ist Elektrofachkraft für alles.

Zeitgleich ist dieser Status auch nichts, was man einmal im Leben erreicht und dann für immer trägt wie den eigenen Vornamen. Den Status einer Elektrofachkraft kann man auch verlieren. Insbesondere ist dies dann der Fall, wenn man als ursprünglich qualifizierte Elektrofachkraft mehrere Jahre nicht mehr im eigentlichen, elektrotechnischen Fachbereich tätig war und damit nicht mehr am Ball ist.

In Kurzfassung: Eine elektrotechnische Ausbildung oder ein elektrotechnisches Studium stellt nur die Grundlage dar, reicht jedoch allein nicht aus, um jemanden als Elektrofachkraft tätig werden zu lassen, da ein Arbeitgeber sicherstellen muss, dass hinreichend Erfahrungen und Kenntnisse der eingesetzten Mitarbeiter vorhanden sind, um die Arbeitssicherheit zu gewährleisten, weswegen eine elektrotechnische Ausbildung eine sehr gute Grundlage, aber nicht alles ist.

Eine entsprechende Schulung kann sinnvoll sein, in einigen Fällen ist sie de facto gefordert. Die Einschätzung der Verantwortlichen Elektrofachkraft sowie der Teamleader beziehungsweise Vorgesetzten jedes in Frage kommenden Mitarbeiters, welcher als Elektrofachkraft eingesetzt werden soll, ist ebenso wichtig.

Vor dem Einsatz als Elektrofachkraft empfiehlt es sich, den Mitarbeiter explizit als solche zu ernennen. Sowohl zu Zwecken der rechtssicheren Dokumentation als auch zur Einbindung in eine klare Unternehmensstruktur. Die Dokumentation vereinfacht auch im Zweifelsfall den Nachweis sorgfältiger Pflichterfüllung. Grundlegende Fragen in diesem Ernennungsprozess in Form einer Checkliste sind:

- Ist die zu ernennende Person in der Lage, Gefahren und Risiken ihrer Arbeit sowie die Grenzen der eigenen Befähigung korrekt einzuschätzen?
- Ist sie in der Lage, die Verantwortung für und Leitung von Kollegen, Anlagen und Arbeiten wahrzunehmen, welche ihr übertragen werden?
- Hat sie die Erfahrung und das Wissen, um selbständig erforderliche und geeignete Mittel und Maßnahmen in ihrer Arbeit zu ergreifen – egal, ob bei Errichtung, Instandhaltung, Fehlersuche, Prüfung oder Messung?
- Haben Vorgesetzte und Verantwortliche Elektrofachkraft insgesamt den Eindruck, diese Person guten Gewissens eigenständig arbeiten und Verantwortung übernehmen zu lassen?

Materialien hierzu erhalten Sie im kostenlosen Servicepaket zum Download unter tcs-engineering.de/downloads/ . Der Benutzername ist der Vorname des Autors in Kleinbuchstaben, das Passwort ist „*19074*“.

In der Elektrotechnik eingesetzte Personen, welche keine Elektrofachkräfte sind

Ein Unternehmen muss im Sinne des nationalen wie internationalen Arbeitsschutzes stets dafür sorgen, dass Arbeiten nur von Personen ausgeführt werden, die hierfür soweit geeignet sind, dass diese mit den Gefahren umgehen können, welche mit der jeweiligen Arbeit einhergehen.

So müssen Unternehmen dafür sorgen, dass elektrotechnische Arbeiten nur von Elektrofachkräften oder zumindest unter der Leitung und Verantwortung von Elektrofachkräften ausgeführt werden. Je nach Art, Gefährdung und Umfang sowie nach den jeweils nationalen Regelungen können Mitarbeiter, welche keine Elektrofachkräfte sind, eingesetzt werden.

Da alle elektrotechnischen Arbeiten von einer Elektrofachkraft oder unter Leitung und Aufsicht einer Elektrofachkraft durchgeführt werden müssen, ist es selbst dem elektrotechnischen Laien gestattet, bei etwa der Errichtung elektrischer Anlagen mitzuwirken. Allerdings ist der Einsatz elektrotechnischer Laien in sicherheitsrelevanten Strukturen stark beschränkt. Zur Erinnerung: Die Elektrofachkraft muss soweit qualifiziert sein, dass sie die ihr übertragenen Arbeiten beurteilen und mögliche Gefahren erkennen kann.

Grundsätzlich gilt: Je mehr Aufgaben ein Mitarbeiter, welcher keine Elektrofachkraft ist, unter Leitung und Aufsicht durchführt, desto intensiver muss dieser zusätzlich qualifiziert werden. Man geht von einer erfolgreichen Qualifizierung aus, wenn die betreffende Person über die ihr übertragenen Aufgaben im Allgemeinen als auch im Einzelnen und über die möglichen Gefahren bei unsachgemäßem Handeln sowie über die notwendigen Schutzeinrichtungen und Schutzmaßnahmen ausreichend unterwiesen, eingewiesen und gegebenenfalls angelernt wurde.

Hierzu werden den jeweiligen nationalen Vorschriften entsprechende Qualifizierungsmaßnahmen in Form von Schulungen angeboten. Dabei geht es um die grundlegenden Begrifflichkeiten und Gefahrenpotentiale der Elektrotechnik.

Achten Sie beim Einsatz von Mitarbeitern jedoch darauf, dass diese nicht nur mit einem Zertifikat winkend nachweislich unterwiesen sind, sondern auch für ihren konkreten Arbeitsbereich eingewiesen werden müssen. Diese Einweisung kann in der Regel nur in dem betreffenden Betrieb bzw. in identischen Betriebsteilen erfolgen. Wichtiger Punkt dabei ist, dass eine Person, die keine Elektrofachkraft ist, aber im elektrotechnischen Kontext arbeitet, ausschließlich unter Weisung und Aufsicht einer Elektrofachkraft tätig werden darf. Das bedeutet nicht, dass die Elektrofachkraft stets hinter jedem anderen Mitarbeiter stehen muss.

Von der Elektrofachkraft beaufsichtigte Personen dürfen durchaus auch eigenständig tätig werden. Jedoch muss die Elektrofachkraft durchgängig ansprechbar sein. Wer nicht Elektrofachkraft ist, darf weder Anlagen oder Betriebsmittel freischalten noch in Betrieb nehmen. Außerdem müssen ihre Arbeitsergebnisse von der Elektrofachkraft überprüft werden, was sich aus der allgemeinen Verpflichtung zum Arbeitsschutz ergibt.

So kann eine Elektrofachkraft ihre Helfer eine ganze Anlage nach Schaltplan verdrahten lassen, wenn diese als Arbeitsverantwortliche Elektrofachkraft ihnen das zutraut. Allerdings muss die betreffende Anlage zuvor freigeschaltet worden sein und die Arbeit von der Elektrofachkraft vor der Inbetriebnahme kontrolliert und abgesegnet werden. Die Verantwortung für diese Arbeit trägt die Elektrofachkraft. Ein anderer Mitarbeiter gilt hier lediglich als Erfüllungsgehilfe.

Dies klingt ein wenig sperrig und muss natürlich im jeweils nationalen Kontext angepasst werden. Ebenso kann es länder- und fachspezifisch unterschiedliche Abstufungen geben. Grundsätzlich gilt aber: Die Verantwortung für elektrotechnische Arbeiten, Anlagen und Betriebsmittel übernimmt eine Elektrofachkraft.

Verpflichtungen und Haftung

Haftbarkeit

Wenige Begriffe sind in so vielen Bereichen rechtlicher Folgen wiederzufinden wie der Begriff der Haftung. Insgesamt spricht man von Haftung, wenn es darum geht, für einen Umstand einzustehen und deren Folgen sowohl moralisch als auch materiell und schlimmstenfalls sogar strafrechtlich ausbaden zu müssen. Dabei geht es nicht darum, auf jemanden mit dem Finger zeigen zu können, sondern eine rechtliche, zwischenmenschlich unmissverständliche Klarheit zu schaffen. So ist Verantwortung ohne Haftung überhaupt nicht denkbar. So sind Verantwortung, Haftung und Entscheidungskompetenz zusammenhängende, untrennbare Begrifflichkeiten.

Im Rahmen von Verantwortung geht die Haftungsfrage mit einer Pflichtverletzung einher. Der erste Schritt bei der Frage nach der Haftung ist also die Frage nach einer Pflichtverletzung. Wurde durch Sie als Person, welche die Verantwortung trägt, eine Pflichtverletzung begangen?

Unter einer Pflichtverletzung versteht man ein Verhalten, welches dem obliegenden Verhalten entgegensteht, wodurch eine rechtliche Pflicht verletzt wird. Zum Beispiel wäre es eine solche Pflichtverletzung, die sicherheitsrelevante Unterweisung der Mitarbeiter zu vernachlässigen. Ist eine Pflichtverletzung auch nach gründlicher Untersuchung nicht gegeben, ist auch keine Haftung gegeben. Wurde eine Pflicht verletzt, ist weiterhin zu prüfen, ob die Pflichtverletzung auch verschuldet wurde. Haben Sie eine Pflicht nicht erfüllen können, weil Sie etwa durch Krankheit oder einen anderen von Ihnen nicht zu vertretenden Umstand Ihrer Pflicht nicht nachkommen konnten, haben Sie die Pflichtverletzung auch nicht verschuldet.

Damit wären Sie aber nicht automatisch von der Haftung befreit. Die Frage ist, ob eine konkrete Gefährdungshaftung vorliegt. Sind Sie eine Elektrofachkraft, welche den Auftrag ihres Teamleiters erhalten hat, eine Anlage am Dienstag zu prüfen, und sind aber schon am Montag erkrankt und konnten daher diese Pflicht nicht erfüllen, so wurde die Pflichtverletzung nicht verschuldet und es liegt im Regelfall auch keine Gefährderhaftung vor. Sind Sie aber die Verantwortliche Elektrofachkraft, welche am Montag die Prüfung der Anlagen veranlassen wollte, weil diese am darauffolgenden Freitag in Betrieb genommen werden sollen, sieht die Sache anders aus. Ihre Aufgabe ist es, strukturell für Sicherheit zu sorgen. Würde also die Anlage in Betrieb genommen werden, weil Sie nichts Gegenteiliges gesagt haben, läge eine strukturbedingte Pflichtverletzung vor, da so etwas nicht sein darf!

Daher müssen viele Dinge auch von Ihnen freigegeben werden, statt Ihnen lediglich ein Vetorecht einzuräumen. Eine reine Widerspruchslösung könnte so eine Verantwortliche Elektrofachkraft allein durch die Struktur in eine Haftung und damit in eine schwierige Situation bringen. Ihre Struktur muss solche Situationen also vermeiden. Aufgrund dessen entsteht viel zu leicht, von außen betrachtet, leider der Eindruck, eine Struktur sei nur dazu da, um Haftung zu vermeiden oder die obere Etage rechtlich abzusichern.

Dabei wird genau andersherum ein Schuh daraus: Wenn etwas passiert, liegt die Verantwortung und damit auch die Haftung bei Ihnen als Verantwortliche Person. Die Struktur kann also eine Haftung der Verantwortlichen Person gar nicht ausschließen, sie kann nur Aufgaben, Abläufe, Kommunikationen und Kompetenzen regeln. Die Struktur muss also dafür sorgen, dass vermeidbare Unfälle auch vermieden und Entscheidungen auch bewusst getroffen werden.

Denken Sie stets an die erwähnte Verdeutlichung der Aufgaben von Management und Fachkräften: Angestellte auf der rein operativen Fachebene sind zumeist als gute Mitarbeiter bemüht, direkt zum gewünschten Arbeitsergebnis zu kommen. Ihre Aufgabe ist es, dies zu ermöglichen, aber eine Struktur zu schaffen, welche die Sicherheit an oberste Stelle setzt.

Es darf beispielsweise schlicht auf struktureller Ebene einfach nicht möglich sein, eine Anlage ungeprüft in Betrieb zu nehmen. Denn dann stehen Sie in der Haftung, egal, ob Sie die zugehörige Pflichtverletzung verschuldet haben oder nicht. Denn Sie stehen als Garant in der Gefährdungshaftung. Genau das unterscheidet Sie auch von Ihren Fachkräften.

Diese können auch in der Haftung stehen für Pflichten, die sie verletzen. Auch Ihre Mitarbeiterinnen und Mitarbeiter können Verantwortung haben. Beispielsweise ist die Arbeitsverantwortliche Elektrofachkraft auch voll für die Arbeit verantwortlich – egal, ob sie diese allein oder mit einem von ihr geleiteten Team ausführt. Ist die Arbeitsverantwortliche Elektrofachkraft aber krank zuhause geblieben und konnte deswegen ihre Pflicht nicht erfüllen, ist sie aus der Haftung auch ausgenommen.

Das sieht, wie bereits erörtert, bei Ihnen anders aus. Sie tragen mit der Rolle als Garant die Gefährderhaftung.

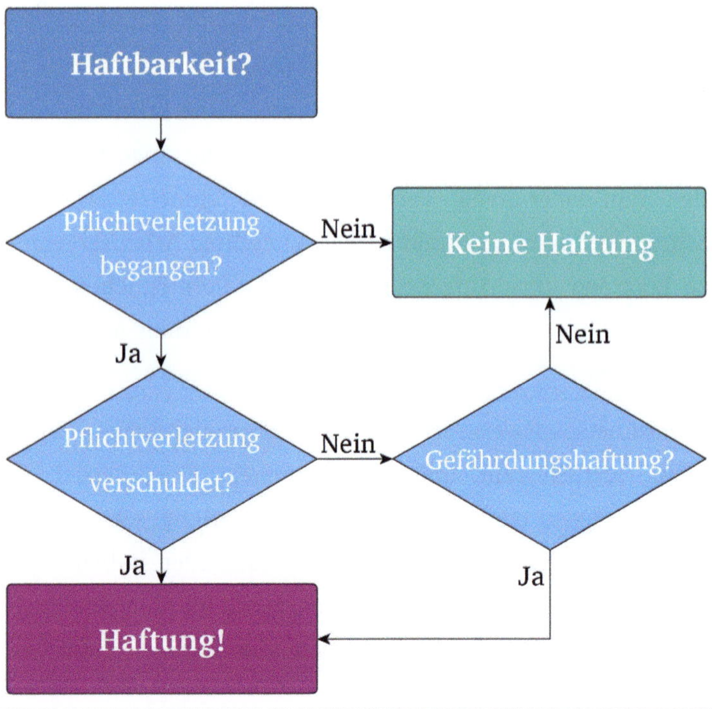

Garantenstellung

Aber nun näher zum Begriff des Garanten, den Sie als Verantwortliche Elektrofachkraft verkörpern. Grundsätzlich bedeutet eine Garantenstellung die Verpflichtung und Verantwortung dafür zu übernehmen, dass etwas passiert oder sogar nicht passiert. Für uns geht es um die Gewährleistung der Elektrosicherheit und damit um die Garantie, dass alle unfallfrei arbeiten können – also die Garantie für das Nichteintreten eines Stromunfalls.

Man haftet also für die Gefährdung an sich und muss alles in seiner Macht Stehende tun, um die Verwirklichung dieser Gefahr bereits im Vorfeld zu vermeiden oder spätestens im Entstehungsmoment zu unterbinden.

Die Garantenstellung kann sich aus gesetzlichen Voraussetzungen, im Zusammenhang mit der jeweiligen vorangegangenen Situation, einem gefahrenerzeugenden Handeln, aus einer vertraglichen Verpflichtung oder aus einer engen persönlichen Beziehung ergeben. Die Garantenstellung ist also weder etwas Seltenes noch Außergewöhnliches, weder im Berufs- noch im Privatleben. Ehepaare haben beispielsweise stets eine Garantenstellung füreinander inne.

Auch jede Anlagenverantwortliche Elektrofachkraft oder Arbeitsverantwortliche Elektrofachkraft hat auch im Rahmen der Anlage oder der jeweiligen Arbeit eine Garantenstellung inne. Wenn Sie aber die Gesamtverantwortung tragen, geht dies deutlich weiter, wie auch schon unter *Haftbarkeit* erörtert.

Wenn Sie die Gesamtverantwortung übernehmen, so haben Sie die Garantenstellung des Arbeitgebers neben diesem inne. Neben des Arbeitsgebers sind auch Sie Schlüsselfigur des Konzeptes, seine Garantenpflichten zu erfüllen. Das heißt, dass grundsätzlich der Unternehmer beziehungsweise Betriebsleiter selbst die Garantenstellung innehat. Sie übernehmen diese neben ihm, da Sie einen Teilbereich seiner Pflichten übernehmen, an welche die Garantenstellung geknüpft ist.

Sollte es also trotz der Ihnen übertragenen Kompetenzen dazu kommen, dass von Ihnen geforderte Umsetzungen nicht erfolgen, weil der Betriebsleiter selbst seinen Willen durchzusetzen vermag, so trägt selbiger als Garant auch die Verantwortung.

Dies sollte in der Struktur einer für die Elektrosicherheit verantwortlichen Person in Form einer Verantwortlichen Elektrofachkraft allerdings nicht vorkommen. Jedoch gilt auch für Sie in einem solchen Fall, dass Sie nur Garant neben dem Unternehmer oder Betriebsleiter sind und dieser sich der Garantenstellung nicht ganz entledigen kann.

Es wird je nach Gesetzgebung weiter unterschieden zwischen dem Überwachungsgaranten und dem Beschützergaranten. Betrachten wir zunächst den Beschützergaranten. Hierbei geht es darum, dass Sie Ihren Verantwortungsbereich vor Gefahren beschützen. So betrifft dies etwa die körperliche Unversehrtheit aller Ihrer Mitarbeiter. Diese müssen Sie vor Gefahren beschützen.

Als Überwachungsgarant stehen Sie hingegen dafür ein, dass andere nicht gefährdet werden. Dies kann Besucher auf dem Firmengelände betreffen, aber auch Mitarbeiter aus anderen Bereichen.

Sie müssen also dafür Sorge tragen, dass beispielsweise niemand durch Ihre Anlagen gefährdet wird. Diese Pflichten überschneiden sich; Sie sind sowohl Überwachungsgarant als auch Beschützergarant. Je nach den jeweils örtlich geltenden, gesetzlichen Regelungen kann es durch einen Unfall in Ihrem Verantwortungsbereich zu einer Strafbarkeit der Verantwortlichen durch den erfüllten Straftatbestand des sogenannten unechten Unterlassungsdeliktes kommen.

Dabei handelt es sich um das Unterlassen einer Handlung, die zwar nicht per se als strafbar angesehen wird, jedoch in Kombination mit Ihren Pflichten und der sich daraus ergebenden Garantenstellung strafbar wird.

Es kommt also nicht nur darauf an, was unterlassen wird, sondern auch von wem etwas unterlassen wird. Beispielsweise wäre nichts zu unternehmen, wenn Sie bemerken, dass ein Mitarbeiter ohne Schutzausrüstung unter Spannung arbeitet. Das ist zwar noch keine unterlassene Hilfeleistung, da die Person noch nicht unmittelbar hilfebedürftig ist, aber es wäre eine Unterlassung im Sinne eines unechten Unterlassungsdeliktes, da Sie als Verantwortliche Elektrofachkraft hier einschreiten müssten und dazu auch in der Lage wären.

Dieses unechte Unterlassungsdelikt setzt im Gegensatz zu einem echten Unterlassungsdelikt (je nach jeweils nationalen Gesetzen beispielsweise das Nichtanzeigen einer geplanten schweren Straftat) eine Garantenstellung voraus, um eine Strafbarkeit zu begründen. Ungeachtet aber der Strenge der jeweils gültigen, gesetzlichen Regelungen ist es allein aus Menschlichkeit von hoher Bedeutung, sich seiner Stellung und seiner Pflichten bewusst zu sein und danach zu handeln, was ansonsten auch ohne rechtliche Konsequenzen sowohl den Respekt der Mitarbeiter als auch die eigene Reputation kosten kann. Die jeweiligen Gesetze bekräftigen durch juristische Konsequenzen die auf natürliche Weise gültigen Regeln eines respektvollen Miteinanders.

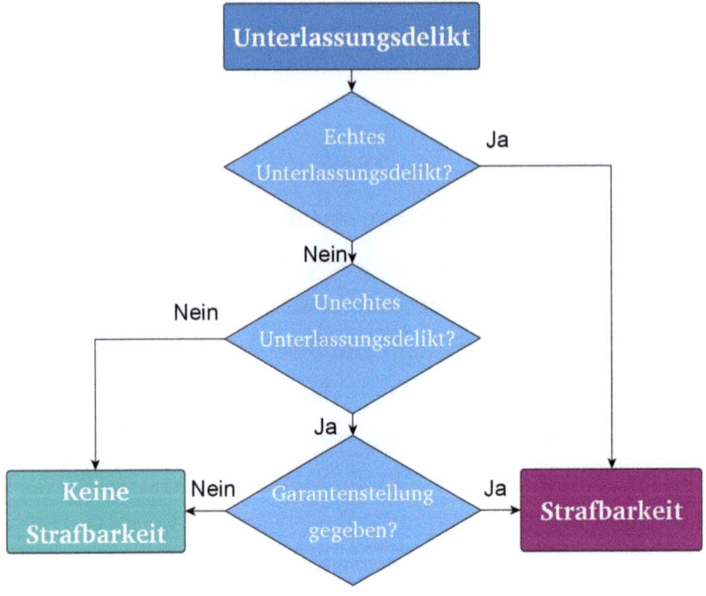

Die Sache mit der Fahrlässigkeit

Sehr inflationär und oft laienhaft wird der Begriff der Fahrlässigkeit in den Ring geworfen, wenn es darum geht, ein Fehlverhalten zu beschreiben. Doch was ist eigentlich Fahrlässigkeit wirklich? Die Definition klingt – typisch juristisch – so allgemein wie konkret zugleich.

Fahrlässigkeit bedeutet, die Sorgfalt außer Acht zu lassen, welche im betrieblichen Alltag erforderlich ist, zu welcher die betreffende Person im Stande sowie verpflichtet ist. Im Arbeitsschutz nützt die Fahrlässigkeit durchaus als Maßstab zur Einschätzung der Haftung für Unfälle oder auch teils nur folgenloser Fehler, die passiert sind.

Damit ist die oft aus dem Bauch heraus getroffene Einschätzung der Fahrlässigkeit gar nicht so falsch. Sobald man aber die Verantwortung für umfangreiche Unternehmensstrukturen trägt, befasst man sich besser mit den genaueren Hintergründen statt nur mit dem Bauchgefühl. Es gibt grundsätzlich zwei Arten der Fahrlässigkeit: die bewusste Fahrlässigkeit und die unbewusste Fahrlässigkeit.

Unbewusst fahrlässig handelt, wer die im Verkehr erforderliche Sorgfalt außer Acht lässt und dadurch eine Gefahr nicht erkennt, obwohl er sie erkannt haben müsste. Kurz gesagt: Jemand hat seinen Job nicht richtig gemacht! So wurden Anlagen gar nicht oder schon viel zu lange nicht mehr geprüft. Jetzt könnte man einwenden, eine solche Prüfung wird von Elektrofachkräften vor Ort durchgeführt und selten durch den Hauptverantwortlichen. Dies ist richtig. Und wenn jemand vor Ort die Prüfungen zur Sicherheit von Anlagen nicht durchgeführt, aber fälschlicherweise dokumentiert haben sollte, die Anlagen geprüft zu haben, so liegt die Verantwortung im Regelfall auch tatsächlich nicht beim Hauptverantwortlichen.

Aber Sie merken schon selbst, wo hier das Problem liegt: Ist das wirklich der Fall, von dem wir sprechen? Im Sinne der Gutwilligkeit sei angenommen: Zumeist wurde es schlichtweg versäumt. Und die Frage ist: Warum hat Ihre Struktur nicht Alarm geschlagen? Eine „*Ich dachte, du kümmerst Dich darum? – Nein, ich dachte, DU kümmerst Dich darum*"-Situation darf es nicht geben.

In einem solchen Fall haben Sie im Vorfeld Ihren Job nicht richtig gemacht, denn genau das wäre Ihr Job gewesen: für eine entsprechende Struktur zu sorgen, damit solch grundlegende Dinge gemacht werden können.

Bewusst fahrlässig handelt, wer eine drohende Gefahr zwar als solche erkennt, jedoch darauf vertraut beziehungsweise davon ausgeht, dass aus dieser erkannten Gefahr keine negative Konsequenz erfolgt. Bewusste Fahrlässigkeit entspricht somit der Haltung „*Wird schon schief gehen*". Wenn also aus Gründen der Mitarbeiterverfügbarkeit, des intensiven Bedarfs der Produktionsstraßen oder schlicht des Geldes wegen Anlagenprüfungen allzu sehr auf die lange Bank geschoben werden, obwohl man um deren Bedeutsamkeit weiß, spricht man von bewusster Fahrlässigkeit.

Der sehr viel bekanntere Begriff der groben Fahrlässigkeit beschreibt lediglich die Intensität der Fahrlässigkeit. Eine bewusste Fahrlässigkeit ist nicht automatisch schwerwiegender als eine unbewusste Fahrlässigkeit.

Grobe Fahrlässigkeit bedeutet also, dass die erforderliche Sorgfalt in besonders schwerem Maße außer Acht gelassen wurde. Bei der Einschätzung der Schwere der Fahrlässigkeit kommt es stets auf die Gesamtbetrachtung der jeweiligen Umstände an.

Damit unterscheidet sich die Fahrlässigkeit auch stark von vielen anderen menschlichen Verfehlungen. Ein Diebstahl ist erstmal durch die Tat selbst definiert. Bei der Fahrlässigkeit ist das anders. Denken Sie an den Schluss der Beschreibung: Es geht um die Sorgfalt, die jemand außer Acht gelassen hat, zu welcher er oder sie im Stande und verpflichtet ist. Es geht also auch darum, wer Sie sind und was Sie verantworten – oder auch was Ihnen zumutbar ist.

Stellen Sie sich vor, Sie gehen auf dem Firmengelände an der Produktionshalle vorbei auf die Trafostationen zu und sehen eine nicht nur nicht-abgesperrte, sondern eine sichtbar offene Mittelspannungsanlage, welche eindeutig in Betrieb, also unter Spannung stehend und für jeden zugänglich ist und Sie tun schulterzuckend gar nichts. Sind Sie Auszubildender am ersten Arbeitstag oder sind Sie die Verantwortliche Elektrofachkraft? Beide Male die gleiche Situation und die gleiche Handlung beziehungsweise Nichthandlung.

Aber im ersteren Fall haben Sie vermutlich gar keine Fahrlässigkeit begangen, Sie sind Auszubildender am absoluten Anfang Ihrer Tätigkeit. Sie tragen weder Verantwortung noch haben Sie Ahnung von etwas, Sie sind als Auszubildender ja gekommen, um etwas zu lernen. Selbst, wenn Sie sich denken *„Oh, ob das nicht gefährlich ist?“*, sind Sie so dermaßen unsicher am ersten Tag, an welchem Sie ohnehin sehr viel Neues und Ungewöhnliches sehen, dass niemand von Ihnen verlangen kann, jemanden darauf anzusprechen, auch wenn das natürlich die richtige Reaktion wäre.

Aber sind Sie die Verantwortliche Elektrofachkraft, sieht die Sache ganz anders aus! Sie sind sowohl in einer Art Managementposition, auf jeden Fall in einer weisungsbefugten Position, und Sie sind Fachkraft. Die oberste Fachkraft, welche für alle Anlagen verantwortlich ist, welche alle Sicherheitsvorschriften und Strukturen unterschrieben hat, welche alle Fäden in der Hand hat. Ein wie oben beschriebenes Handeln als diese Verantwortliche Elektrofachkraft ist eine grobe Fahrlässigkeit!

Sie sehen, der Grad der Fahrlässigkeit hängt nicht nur von Ihren Handlungen oder Unterlassungen ab, sondern auch von Ihnen als Person in Ihrer Position.

Wenn es über die Kategorien der Fahrlässigkeit hinausgeht, spricht man vom Vorsatz. Vorsatz bedeutet, dass eine Schädigung auch gewollt vorgenommen wird, das Ergebnis war also beabsichtigt. Hiervon wollen wir aber in diesem

Buch nicht ausgehen, es wurde nur der Vollständigkeit halber erwähnt, zumal es durchaus eine fachliche Diskussion im Einzelfall hervorrufen kann, wenn es darum geht, wo die grobe Fahrlässigkeit endet und der Vorsatz beginnt; wie so oft ist der Grad sehr schmal.

Verkehrssicherungspflicht

Grundsätzlich müssen Sie zwei Sicherungspflichten beachten, die nicht komplett voneinander getrennt sind: die Verkehrssicherungspflicht und die Fürsorgepflicht.

Die Fürsorgepflicht hat zum Inhalt, für das Wohlergehen von Personen oder Personengruppen Sorge zu tragen. Dies umfasst im Regelfall also Mitarbeiter des eigenen Unternehmens sowie eigene Praktikanten, aber auch andere Personen, die unter Ihrer Leitung und Weisung tätig sind, wie etwa Leiharbeiter.

Die Verkehrssicherungspflicht hat konkret die Abwehr von Gefahren aus Gefahrenquellen zum Thema. Sie bezieht sich nicht nur auf eigene Mitarbeiter, sondern de facto auf jeden möglicherweise betroffenen Menschen. Also auch Mitarbeiter von Fremdfirmen, Gäste, Anwohner und Passanten.

Diese Verkehrssicherungspflicht kann auch bedeuten, sein Gelände unzugänglich einzuzäunen, um zu verhindern, dass nicht-unterwiesene Personen gar nicht erst ohne kontrollierte Begleitung auf das Gelände kommen und sich womöglich in Gefahr begeben.

Die Fürsorgepflicht geht also in ihrem inhaltlichen Umfang weiter, da sie neben der Abwehr von Gefahren auch das gesamte Wohlergehen der betroffenen Person oder Personengruppe umfasst.

Die Verkehrssicherungspflicht geht hingegen im Personenkreis deutlich weiter. Da es uns in der Elektrosicherheit jedoch in erster Linie um die Abwehr von Gefahren geht, kann sehr stark vereinfacht die Fürsorgepflicht als Teilmenge der Verkehrssicherungspflicht betrachtet werden.

Dies ist ein deutlicher Unterschied zwischen Ihrer Rolle als Verantwortliche Elektrofachkraft und der Rolle der Unternehmensleitung, welche ein deutlich weiter gefasstes Verständnis der Fürsorgepflicht gegenüber den eigenen Mitarbeitern hat. Zwar reduziert man in der Sicherheitsverantwortung die Fürsorgepflicht auch nicht vollends auf die Verkehrssicherungspflicht, der Blickwinkel ist doch ein anderer.

Je nach jeweiliger Rechtsprechung ist die Verkehrssicherungs- oder auch Fürsorgepflicht direkt rechtlich geregelt, ergibt sich aber grundsätzlich auch bereits aus den Fragen der Haftbarkeit sowie der Garantenstellung.

Gerade in Fragen der Sicherheit, insbesondere der Elektrosicherheit, ist sehr davon abzuraten, sich auf das gesetzlich unbedingt Notwendige zu beschränken. Vielmehr sollte es ein Zusammenspiel unterschiedlicher Faktoren und Sichtweisen sein.

Die kontinuierliche Betrachtung aus dem jeweiligen Blickwinkel der Haftbarkeit, der Garantenstellung und der Verkehrssicherungspflicht ist hierbei ein guter Dreiklang. Dieser dient als gut funktionierender Maßnahmen- und Kontrollmechanismus zur Vermeidung sowohl persönlichen Verschuldens als auch des im Weiteren näher beschriebenen Organisationsverschuldens.

Organisationsverschulden vermeiden

Die Unternehmerin oder der Unternehmer bzw. Vorstand, Geschäftsführer, Betriebsleiter oder andere Leitungsorgane haben weltweit und entsprechend der jeweils national gültigen Gesetze und Vorschriften die Pflicht, ihren Betrieb so zu organisieren, dass ein sicherer und funktionierender Ablauf aller durchgeführten oder angeordneten Arbeitsprozesse und Schutzmaßnahmen gewährleistet ist.

Zu dieser allgemeingültigen Pflicht gehört auch, die genannte Organisationsstruktur mit hierzu geeigneten Mitteln jederzeit nachweisen und rechtzeitig steuern zu können. Eine Verletzung dieser Pflicht stellt ein sogenanntes Organisationsverschulden dar.

Das Organisationsverschulden wird weiter differenziert in selektionsbedingtes, anweisungsbedingtes, überwachungsbedingtes und durchführungsbedingtes Organisationsverschulden.

Diese unterschiedlichen Arten des Organisationsverschuldens lassen sich durch folgende, in ihrer Reihenfolge aufeinander aufbauende Fragestellungen darstellen:

- Selektionsbedingtes Organisationsverschulden:
  Ist der Mitarbeiter, welcher mit einer Aufgabe betraut ist, auch für diese geeignet? Ist er zum Beispiel Elektrotechnisch unterwiesene Person oder Elektrofachkraft?

- Anweisungsbedingtes Organisationsverschulden:
  Ist der nachweislich geeignete Mitarbeiter auch adäquat unterwiesen und angewiesen worden, etwa durch geeignete Arbeitsanweisungen und Sicherheitsunterweisungen?
- Überwachungsbedingtes Organisationsverschulden:
  Wird die Tätigkeit des Mitarbeiters in geeigneter Weise überwacht, beispielsweise die Leitung und Aufsicht einer Elektrofachkraft bei der Tätigkeit einer Elektrotechnisch unterwiesenen Person?
- Durchführungsbedingtes Organisationsverschulden:
  Hat nach Ausschluss der vorangehenden Faktoren der betreffende Mitarbeiter dennoch nachlässig gehandelt, was durch geeignete Organisation hätte verhindert werden können?

Das Organisationsverschulden trifft in der Regel das zuständige Leitungsorgan wie beispielsweise die Betriebsleitung. Gibt es im Unternehmen eine Verantwortliche Elektrofachkraft, hat diese in ihrem Verantwortungsbereich eine entsprechende Garantenstellung aufgrund der übernommenen Garantenpflicht inne und ist damit strafrechtlich ebenso haftbar wie die Betriebsleitung.

Zwar kann die Interpretation, ab wann etwas ein Organisationsverschulden darstellt, sehr stark von nationaler Rechtsprechung abhängen, jedoch sollten Sie im Sinne der Arbeitsschutzanforderungen von zunehmend global bedeutenden Lieferkettenvereinbarungen, -gesetzen und -vorgaben vom tendenziell hohen Standard ausgehen. Selbst, wenn Sie rein formaljuristisch keine Probleme bekommen, ist es gerade bei Betrieben oder Betriebsteilen an unterschiedlichen Produktionsstandorten auf der Welt selten gut, in einer Pressemeldung zu lesen, man *„habe sich nichts vorzuwerfen, da man alle jeweils regional geltenden Vorschriften eingehalten habe“*.

Zusätzlich zu dieser hinreichend starken extrinsischen Motivation ist davon auszugehen, dass Sie als für die Elektrosicherheit zuständige Person als intrinsische Motivation den Anspruch einer hohen Sicherheit für alle Mitarbeiterinnen und Mitarbeiter haben, was sich schließlich auch sehr positiv auf die Qualität der Arbeit und die Stabilität der Arbeitsabläufe im Unternehmen auswirkt.

Zur Erfüllung Ihrer Pflicht ist der Aufbau und Erhalt einer fachlichen Struktur Ihre primäre Aufgabe als Verantwortliche Elektrofachkraft. Die bereits beschriebene Garantenstellung betrifft ausschließlich die benannten Personen, also z. B. den Unternehmer, die Geschäftsführerin oder die Verantwortliche Elektrofachkraft, und liegt nicht beim Unternehmen als Organisation.

An späterer Stelle werden Sie mehr von der Methodik lesen, welche Sie zum Aufbau einer adäquaten Elektrosicherheitsstruktur nutzen können. Hier aber passend ein paar grundlegende Hinweise zur Erfüllung Ihrer Rolle der

Garantenstellung und damit zur Vermeidung eines möglichen Organisationsverschuldens:

- Erarbeiten Sie eine Checkliste aller Pflichten und anfallenden Arbeiten, lassen Sie sich hierbei von den Fachbereichen unterstützen.
- Ordnen Sie die Pflichten und Arbeiten den jeweiligen Personen und Funktionen zu. Hierzu ist es hilfreich, ein visualisiertes Organigramm zu erstellen.
- Definieren Sie einzelne Verantwortlichkeiten und ernennen Sie Anlagen- und gegebenenfalls auch Arbeitsverantwortliche unter Ihren Elektrofachkräften.
- Achten Sie auf eine Kongruenz von Sachkenntnis und Entscheidungsbefugnis.
- Kontrollieren Sie alle Pflichten, Arbeiten, Personen und Stellen aus Ihrem Organigramm auf vollständige Zuordnung.
- Sorgen Sie für eine gute Qualifizierung, den Erhalt der Qualifizierung und ausreichend Fortbildungsmöglichkeiten aller Mitarbeiter.
- Organisieren Sie eine Struktur, in welcher sich die Elektrofachkräfte regelmäßig frei austauschen können. Je ungezwungener der Rahmen dieses Austausches ist, desto wertvoller ist er.
- Erarbeiten Sie alle Gefahrenbereiche und bewerten Sie diese im Rahmen einer Gefährdungsbeurteilung.
- Beschränken Sie den Zugang zu gefährdeten Bereichen nach allen Abstufungen: Wer darf eine

Halle betreten? Wer darf in welchen separaten Bereich eintreten? Wer hat die Schlüsselgewalt zu besonders gefahrengeladenen Orten oder Anlagen?

- Erarbeiten Sie eine Zutrittsordnung und eine Dokumentation des Zutritts zu besonderen Gefahrenbereichen.
- Vermeiden oder verringern Sie zumindest die Option, Gefahrenbereiche alleine zu betreten. Machen Sie es unmöglich, dass jemand alleine an elektrischen Anlagen arbeitet ohne das Wissen und die Gewährleistung der Sicherheit durch mindestens einer weiteren Person.
- Schaffen Sie Prinzipien der Sicherheit und klare, nachvollziehbare Verhaltensregeln. Hinterfragen Sie regelmäßig deren Tauglichkeit und Verständlichkeit.
- Setzen Sie stets nur geeignete Mitarbeiter für elektrotechnische Arbeiten ein.
- Sorgen Sie für ein regelmäßiges Feedback aller Mitarbeiter. Je näher jemand an der Basis arbeitet, desto wertvoller sind dessen Beobachtungen.
- Strukturieren Sie Feedback So, dass Ihnen alle wichtigen Vorkommnisse zur Kenntnis gelangen.
- Achten Sie auf eine normgerechte Betriebsmittel- und Anlagenprüfung sowie eine vollständige und regelmäßige Mitarbeiterunterweisung.
- Schaffen Sie hierzu nicht lediglich eine verstaubte Ablagendokumentation, sondern ein Unterweisungs- und Arbeitsmittelmanagement, welches Ihnen

frühzeitig Handlungsbedarf signalisiert. Dieses sollte auch die Arbeitskleidung und persönliche Schutzausrüstung der Mitarbeiter umfassen.

- Sorgen Sie auch für Ihre eigene Weiterbildung. Informieren Sie sich über Normenneuerungen, tauschen Sie sich mit anderen Verantwortlichen Elektrofachkräften aus, besuchen Sie Seminare oder auch Kongresse. Geben Sie dieses Wissen auch an Ihre Elektrofachkräfte weiter.
- Holen Sie sich Unterstützung überall dort, wo Sie sie brauchen. Dies ist ein wichtiges Element Ihrer Kompetenz.

Materialien hierzu erhalten Sie im kostenlosen Servicepaket zum Download unter tcs-engineering.de/downloads/ . Der Benutzername ist der Vorname des Autors in Kleinbuchstaben, das Passwort ist „*19074*“.

Natürlich kann auch eine noch so gewissenhafte Arbeit von Unternehmer und Verantwortlicher Elektrofachkraft mit einem noch so guten Team an Mitarbeitern nicht garantieren, dass es niemals zu einem Stromunfall kommen und niemals etwas Schlimmes passieren wird.

Eine absolute, hundertprozentige Sicherheit gibt es nicht. Man hat aber die Gewissheit, alles getan zu haben, um Unfälle zu verhindern. Das ist die Gewissenhaftigkeit, um die es geht. Dies müssen Sie durchgängig beim Aufbau und Erhalt Ihrer Struktur beachten.

Halten Sie nichts in der Elektrosicherheit für selbstverständlich, denn gerade das Selbstverständliche wird viel zu leicht vergessen und ist es damit wert, in beispielsweise eine Checkliste aufgenommen zu werden.

Auch sollte der Betriebsleitung klar sein, dass ein Organisationsverschulden sie nur dann nicht betrifft, wenn sie nachweislich vollkommen darauf vertrauen konnte, dass die von ihr als Betriebsleitung ernannte, für die Elektrosicherheit verantwortliche Person sich sowohl um die Elektrosicherheit kümmern konnte und dies auch stets getan hat.

Sollte es zu einem Elektrounfall im Unternehmen kommen, wird es eine entsprechende Untersuchung geben. Im besonders ernsten Fall eines Personenschadens wird sicherlich die jeweils zuständige Behörde und womöglich auch die Staatsanwaltschaft vor Ort sein und eine Menge Fragen stellen.

Dies könnten Fragen sein wie:

- „Wer hat die Arbeit freigegeben?“
- „Wer hat entschieden, dass dieser Mitarbeiter eingesetzt wird, und warum er?“
- „Wie sieht Ihre Gefährdungsbeurteilung aus? Können Sie uns diese bitte vorlegen?“
- „Wann wurde der Mitarbeiter zuletzt unterwiesen und was waren die Inhalte der Unterweisung?“
- „Warum hatte er einen Schlüssel für diesen Raum?“

Auf solche Fragen sollte man gut, ruhig und sachlich antworten können. Wenn Sie auf eine Frage nicht antworten können, nehmen Sie diese sehr ernst und gehen Sie dem nach. Das staatsanwaltliche Ermittlungsverfahren möglicher Ordnungswidrigkeiten oder gar Straftaten dreht sich immer um die Möglichkeit einer Sorgfaltspflichtverletzung.

Sollten Sie sich unsicher fühlen, sollten Sie den Justiziar des Unternehmens oder einen externen Anwalt zu Rate ziehen, zumal gerade schwere Arbeitsunfälle je nach Land eine Vielzahl rechtlicher Konsequenzen für Sie nach sich ziehen können. Sollte es zu einem Personenschaden gekommen sein, ist dies auf jeden Fall zu empfehlen. Es kann auch um Ihre persönliche Freiheit gehen, damit ist nicht zu spaßen!

Auch wenn man natürlich nicht davon ausgeht, dass dieser Fall real eintrifft: Es gilt, sich auf das Schlimmste vorzubereiten, um auf das Beste hoffen zu dürfen. Im Vorfeld sollte man sich gemeinsam mit der Geschäftsleitung also auch überlegen, eine eigene Rechtsschutzversicherung aufzunehmen oder aber die Verantwortliche Elektrofachkraft in eine im Unternehmen bestehende Rechtsschutzversicherung aufzunehmen. Ebenso ist mit der Betriebshaftpflichtversicherung zu verfahren. Auch in eine neue oder bestehende D&O-Versicherung sollte die Verantwortliche Elektrofachkraft eingetragen werden. D&O steht für Directors & Officers.

Die D&O-Versicherung ist eine Vermögensschaden-haftpflichtversicherung, welche ein Unternehmen für seine leitenden Angestellten abschließt. Es handelt sich dabei um eine Versicherung zugunsten Dritter auf der Grundlage einer Berufshaftpflichtversicherung. Die Deckung dieser Versicherungen greift bei Verletzung der Sorgfaltspflicht durch den Versicherten, solange nicht vorsätzlich oder grob fahrlässig gehandelt wurde.

Jedoch zahlen die Versicherungen nicht alles – klären Sie insbesondere Kosten wie personenbezogene Bußgelder mit der Versicherung, da diese in den meisten Ländern und von den meisten Versicherungen nicht mit abgedeckt sind.

Bußgelder drohen oft sowohl für das Unternehmen als auch für Verantwortliche Personen wie Geschäftsführer, Leitende Angestellte oder aber auch die Verantwortliche Elektrofachkraft auf der Basis des Organisationsverschuldens. Zudem haben je nach jeweiligem Rechtssystem die ansässigen Behörden gegebenenfalls auch das Recht, den gesamten

Betrieb stillzulegen, wenn sie der (begründeten) Meinung sind, die Sicherheit sei nicht für den Weitebetrieb gewährleistet oder das Unternehmen behindere Ermittlungen.

In jedem Fall aber sollten Sie nicht vergessen, dass eine Aufklärung der Ursachen und Hintergründe in Ihrem eigenen Interesse liegt. Mit gemachten Fehlern – von wem auch immer begangen – sollte konstruktiv umgegangen werden. Daher soll es im Folgenden um die Unfallanalyse gehen.

Die Unfallanalyse

Sollte es doch zu einem Stromunfall kommen, ist auch ohne Personenschaden die Angelegenheit sehr ernst zu nehmen. Eine Unfallanalyse einschließlich einer darauffolgenden neuen Gefährdungsbeurteilung auf Grundlage der Erkenntnisse der Unfallanalyse ist vorzunehmen.

Bei der Unfallanalyse steht die Informationssammlung an erster Stelle. Machen Sie eine Inaugenscheinnahme vor Ort. Holen Sie bei Bedarf weitere Sachverständige oder auch Gutachter dazu. Sprechen Sie mit allen Beteiligten und Zeugen.

Denken Sie dabei daran, dass es darum geht, aus Fehlern zu lernen und nicht gleich Schuldzuweisungen auszusprechen. Bitten Sie alle Gesprächspartner gesondert, Ihnen zu berichten, wie diese den Unfall wahrgenommen haben.

Lassen Sie sich auch schildern, was die betreffende Person zu diesem Zeitpunkt getan hat, fragen Sie nach Auffälligkeiten. Konzentrieren Sie sich hierbei auf offene Fragen, vermeiden Sie Ja-, Nein- oder Zuordnungs-Fragen. Reden Sie nach Möglichkeit mit allen Beteiligten getrennt. Dies hat nichts mit dem Prinzip einer Vernehmung zu tun, es geht schlicht darum, nicht die psychologische Problematik des Auffüllens von Erinnerungslücken im Nachhinein zu verstärken.

Wenn Sie die Mitarbeiter als Gruppe befragen, werden die Schilderungen derer, die schon gesprochen haben, ganz automatisch die Aussagen der anderen beeinflussen.

Jedoch sind die Schilderungen der Mitarbeiter neben der Inaugenscheinnahme vor Ort nicht Ihre einzige Informationsquelle. Oft liegt der Fehler nicht an nur einer Stelle. Gehen Sie deswegen auch die entsprechende Dokumentation der betroffenen Anlage beziehungsweise Bereiche und Mitarbeiter durch. Wann wurden die fraglichen Anlagen von wem zuletzt geprüft, wer hat die Mitarbeiter wann in was unterwiesen? Sprechen Sie gegebenenfalls auch mit diesen Kollegen.

Der zweite Schritt ist die Aufstellung des Unfallgeschehens. Gehen Sie hierbei zunächst stichpunktartig und chronologisch die Ereignisse durch. Vermeiden Sie Schlussfolgerungen oder Aussagen über die Ursachen, das kommt erst später und würde an dieser Stelle nur stören oder sogar einschränkend wirken.

Versuchen Sie, tabellarisch die Ereignisse zusammenzutragen. Die einzelnen Ereignisse bestehen aus Zeit, Ort, beteiligten Personen und deren Handlungen. Sollten Ihnen Informationen fehlen, begeben Sie sich zurück in die Informationssammlung.

Erst, wenn die Beschreibung vollumfänglich steht, gehen Sie an die Ursachensuche. Hier gehört es zur Analyse, die Frage „*Wie kam es zu diesem Unfall*?“ zu stellen, aber stellen Sie die Warum-Fragen zuerst im Kleinen.

Zerlegen Sie die Situation hierfür wieder in ihre Einzelteile und stellen Sie die Fragen bezüglich aller Faktoren, die zum Unfall beigetragen haben. Fragen wie „*Warum hat dieser oder jener Mitarbeiter den Arbeitsbereich betreten*?“, „*Warum wusste niemand von seiner Arbeit*?“ und ähnliche Fragen mögen für die Beteiligten erstmal unangenehm klingen, haben aber tatsächlich den Hintergrund der Ursachenforschung. Die meisten dieser Fragen werden sich in der Regel einfach und gut begründet beantworten lassen.

Hieraus lassen sich fast immer Hinweise zur allgemeinen Verbesserung des Arbeitsschutzes ziehen. Untersuchen Sie hierbei alle Faktoren, die möglicherweise zum Unfall beigetragen haben. Neben den bisher beschriebenen Faktoren des Organisationsverschuldens sind auch folgende hilfreich:

- Gab es Schwierigkeiten oder direkte Fehler an elektrotechnischen Komponenten?
- Waren alle Anlagenteile oder auch erneuerten Komponenten hinreichend dimensioniert?
- Gab es Schwierigkeiten mit dem verwendeten Werkzeug oder anderen Arbeitsmitteln?
- Wurden die Arbeitsbedingungen negativ beeinflusst, z. B. durch Wetter, Lärm oder Ablenkung?
- Waren Anzeigen oder Parameterinformationen fehlerhaft?
- War die unmittelbar persönliche oder die technische Kommunikation gewährleistet, z. B. Mobilfunknetz, voller Akku, Gegensprechanlage?

- Wurden Kommunikationsprotokolle, wie sie etwa in Schaltgesprächen vorgesehen sind, ordnungsgemäß durchgeführt?
- Gab es sonstige Probleme in erforderlicher Kommunikation?
- Waren Aufgaben, Verantwortlichkeiten und Entscheidungskompetenzen allen Beteiligten klar?
- Waren alle Mitarbeiter für ihre Tätigkeit hinreichend qualifiziert?
- Wurden alle Arbeitsanweisungen und Vorgaben bekanntgegeben und wurden diese auch verstanden?

Der wichtigste Schritt der Unfallanalyse für die Arbeitspraxis ist schließlich nach abgeschlossener Untersuchung das Ableiten von Maßnahmen. Die zentrale Untersuchungsfrage ist im ersten Schritt rückwärtsgewandt „*Wie hätte das vermieden werden können?*“ und im zweiten Schritt „*Wie können wir solche und ähnliche Unfälle in Zukunft vermeiden*?“

Zum Ableiten von Maßnahmen gehört auch eine Überarbeitung und Ergänzung der Gefährdungsbeurteilung. Bei allen Maßnahmen der Sicherheit bei der Arbeit und insbesondere bei der Elektrosicherheit gilt, dass individuelle Schutzmaßnahmen nachrangig vor anderen Maßnahmen zu treffen sind. Eine isolierende Abdeckung ist beispielsweise dem Tragen von Schutzkleidung immer vorzuziehen – sofern dies möglich ist natürlich.

Gefahren sind stets an der Quelle ihrer Entstehung zu bekämpfen. Hierzu mehr im Abschnitt über das Umsetzen von Maßnahmen. Vorher soll es aber um einen ganz zentralen Punkt Ihrer Pflichten gehen, welche den Maßnahmen vorauseilen: die Gefährdungsbeurteilung.

Die Gefährdungsbeurteilung

Die Gefährdungsbeurteilung ist international ein wichtiges Instrument zur Prävention sowie Teil der Dokumentation Ihrer Präventionsarbeit. Wie aber funktioniert eine Gefährdungsbeurteilung? Kurz gesagt: Zu ergreifende Maßnahmen werden aufgrund möglicher Gefahren ermittelt. Dies ist regelmäßig als auch in neuen oder auch geänderten Arbeitsstätten oder Arbeitsverfahren systematisch und fachkundig durchzuführen und entsprechend zu dokumentieren.

Bei der Erstellung einer Gefährdungsbeurteilung sind zwei Faktoren ausschlaggebend: Was ist die jeweilige mögliche Folge einer Gefahr und wie wahrscheinlich ist es, dass diese Folge eintritt?

Hieraus lässt sich eine zweidimensionale Gefährdungsmatrix erstellen. So kann die Höhe der Auswirkung eines Unfalls gegen die Wahrscheinlichkeit des jeweiligen Ereignisses angetragen werden. Dabei denkt man gerne an exakte Wahrscheinlichkeitsangaben in Prozent, was sicherlich die deutlichste Angabe wäre. Dies suggeriert jedoch den starken Eindruck von Genauigkeit, auch wenn diese nicht gegeben ist.

Tatsächlich handelt es sich bei den Angaben zur Wahrscheinlichkeit von Ereignissen oft nur um eine grobe Einschätzung, welche in Abstufungen von *„extrem selten“*, *„unwahrscheinlich“*, *„möglich“*, *„wahrscheinlich“* und *„sicher“*

unterteilt wird. Ebenso ist es mit den Angaben über die jeweilige mögliche Auswirkung einer erkannten Gefahr. Hier sind es Abstufungen wie „*kaum bedeutend*“, „*gering*“, „*ernst*“, „*sehr hoch*“ und „*katastrophal*“. Danach lässt sich relativ einfach eine einzelne Gefährdung von sehr niedrig, bei extrem seltenen und kaum bedeutsamen Unfallfolgen bis hin zu extrem hoch für sehr wahrscheinliche und in ihren Auswirkungen katastrophale Unfallfolgen beurteilen.

		Auswirkung				
		marginal	**niedrig**	**ernst**	**hoch**	**sehr hoch**
Wahrscheinlichkeit	**sicher**	niedrig	mittel	hoch	extrem	extrem
	hoch	niedrig	mittel	hoch	hoch	extrem
	denkbar	niedrig	mittel	mittel	hoch	hoch
	niedrig	niedrig	niedrig	mittel	mittel	mittel
	seltenst	niedrig	niedrig	niedrig	niedrig	mittel

Die Ermittlung der Gefahren ist nach den unterschiedlichen Themengebieten durchzuführen, von welchen elektrische Gefahren nur ein einzelnes Themengebiet ausmachen. Auch wenn dieses mit anderen Gefahren interagiert, wie beispielweise thermischen Gefahren oder über die Sekundärgefahr beispielsweise die Möglichkeit von erheblichen Verletzungen durch Absturz. Bei der Ermittlung der Gefahren, auch der elektrischen Gefahren, ist es wie so oft sehr hilfreich, im Sinne einer strukturierten Checkliste, welche abzuarbeiten ist, die richtigen Fragen zu stellen. Diese Fragen können beispielsweise wie folgt lauten:

- Wie sieht der jeweilige Arbeitsplatz aus, was finde ich dort vor?
- Was wird dort von wem gemacht?
- Wurde diese Arbeit so oder so ähnlich bereits durchgeführt und was hat sich an den Arbeitsverfahren oder dem jeweiligen Arbeitsplatz verändert?
- Wer hat und wer braucht hierzu welche Qualifizierung?
- Welche Gefahrenquellen sind bekannt und welche Schutzmaßnahmen wurden bereits getroffen?
- Wie beurteilen Sie die vorhandenen Schutzmaßnahmen?
- Wer kümmert sich um die Aktualität von zum Beispiel Geräteprüfungen?
- Und schließlich: Welche konkreten Gefährdungen gibt es?

Sie müssen insgesamt bei der Gefährdungsbeurteilung nicht lediglich einschätzen, welche Gefährdungen auftreten und welche Ursachen diese haben können, sondern auch, welche Personen oder Personengruppen von diesen Gefahren betroffen sind. Die grundsätzlichen Gefahren in der Elektrotechnik sind primär

- die elektrische Durchströmung des menschlichen Körpers,
- die Auswirkungen von Lichtbögen,
- Sekundärwirkungen, also Folgen, die aus Unfällen herrühren, für welche die Elektrizität nur der Auslöser war,
- sowie die Folgen starker, elektromagnetischer Felder.

Gefährdungsbeurteilungen können aus unterschiedlicher Sichtweise erarbeitet werden. Beispielsweise können sie arbeitsplatzbezogen sein oder auch arbeitsbezogen. So kann ein Anlagenverantwortlicher eine anlagenbezogene Gefährdungsbeurteilung für seine Arbeit nutzen, während eine Arbeitsverantwortliche Elektrofachkraft in Abstimmung mit dem Anlagenverantwortlichen eine arbeitsbezogene Gefährdungsbeurteilung benötigt.

Das Ziel der Gefährdungsbeurteilungen ist es, geeignete Maßnahmen abzuleiten, welche in Arbeitsanweisungen einfließen, um Gefährdungen soweit wie möglich auszuschließen oder zumindest zu minimieren.

Oft bieten die jeweils national zuständigen Behörden für Arbeitssicherheit selbst zumeist Materialien und Informationen zur Erstellung von Gefährdungsbeurteilungen,

Checklisten und Musteranweisungen an. Man muss das Rad nicht stets neu erfinden, ganz im Gegenteil.

Aber auch bei einer nahezu perfekt erstellten Gefährdungsbeurteilung und optimalen Maßnahmen muss Ihnen klar sein: Kein Risiko lässt sich wirklich ganz auf null reduzieren! Es bleibt immer ein gewisses Restrisiko übrig, welches sich nicht signifikant weiter senken lässt. Bei der Betrachtung der Risikowahrscheinlichkeit geht es insbesondere darum, unter ein Grenzrisiko zu kommen, welches gerade noch so akzeptabel ist – natürlich immer noch möglichst deutlich unter das Grenzrisiko. Ist das gegebene Risiko unterhalb des Grenzrisikos, spricht man allgemein vom sicheren Zustand. Der Bereich zwischen Grenzrisiko und Restrisiko ist der Spielraum, in welchem Sie sich bewegen. Dieser ist erforderlich, da nicht immer alles perfekt funktioniert, wodurch man den Spielraum benötigt.

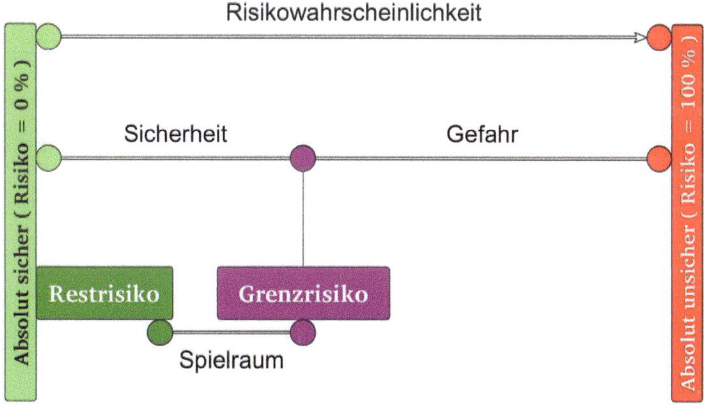

Wenn Sie also Maßnahmen ergreifen würden, um das reale Risiko gerade einmal ganz knapp unter das Grenzrisiko zu bekommen, so führt jede kleine Abweichung vom Soll in der Realität sofort zu einer inakzeptablen Gefahr, welche unmittelbares Handeln beispielsweise in Form sofortigen Abschaltens einer Anlage erfordert.

Haben Sie deutlich weitergehende Maßnahmen umgesetzt, so erkaufen Sie sich damit einen gewissen Handlungsspielraum. Es ist sehr ratsam, einen gewissen Handlungsspielraum zu haben, allein, weil eine Situation nicht gleichzeitig dringend sowie wichtig wird, hierzu an späterer Stelle mehr.

Vor der Beurteilung von Gefährdungen steht allerdings die Ermittlung der Gefährdungen selbst. Diese ist insbesondere bei neuen oder geänderten Arbeitsmitteln, Arbeitsumgebungen oder Arbeitsbedingungen erforderlich.

Sofern sich eine Gefahr für Sicherheit oder Gesundheit aus der Gefährdungsbeurteilung ergibt oder anders gesagt, sobald man Sicherheit und Gesundheit nicht oder nicht mehr gewährleisten kann, müssen für einzelne Gefährdungen Maßnahmen bestimmt, umgesetzt und auf Ihre Wirksamkeit hin überprüft werden. Sind diese nicht ausreichend, steigt man wieder in die Ermittlung der Gefährdung ein.

Dies muss für alle neuen oder geänderten Arbeitsmittel, Arbeitsumgebungen oder Arbeitsbedingungen erfolgen und wird im Anschluss dokumentiert. Hierbei handelt es sich um einen Regelkreis der regelmäßiger Neuvalidierung bedarf.

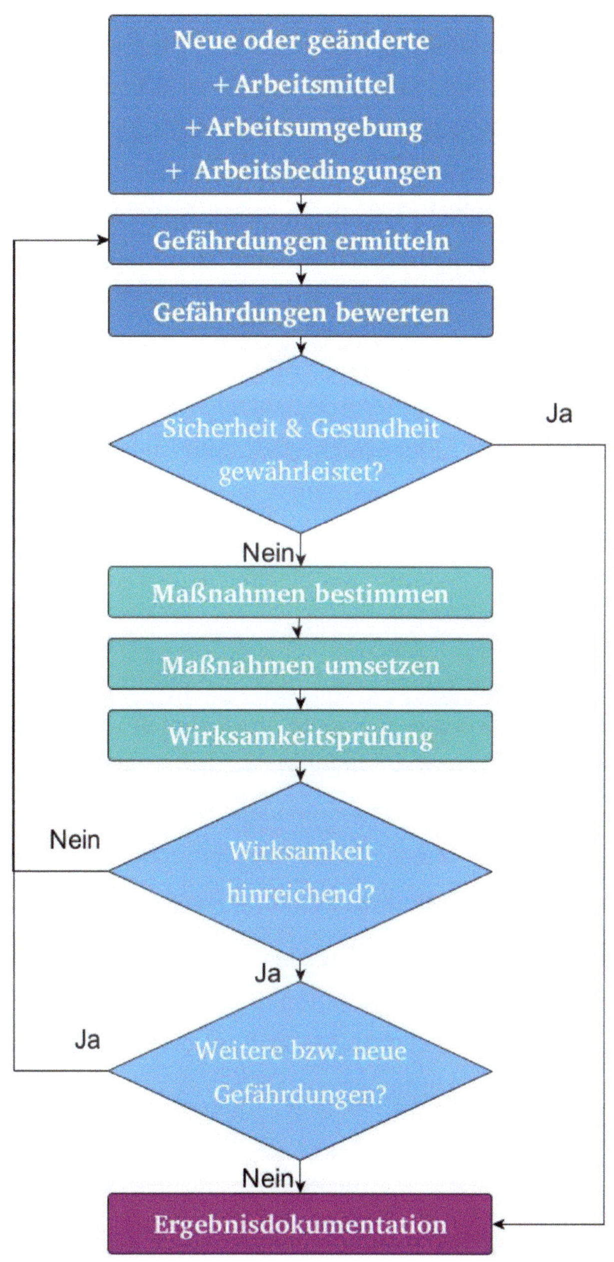
Neue oder geänderte
+ Arbeitsmittel
+ Arbeitsumgebung
+ Arbeitsbedingungen
Gefährdungen ermitteln
Gefährdungen bewerten
Sicherheit & Gesundheit gewährleistet?
Ja
Nein
Maßnahmen bestimmen
Maßnahmen umsetzen
Wirksamkeitsprüfung
Nein
Wirksamkeit hinreichend?
Ja
Ja
Weitere bzw. neue Gefährdungen?
Nein
Ergebnisdokumentation

Das Thema Gefährdungsbeurteilung stellt ebenso wie der Erhalt der gesamten Elektrosicherheit einen kontinuierlichen Verbesserungsprozess dar, welcher oft als Teil eines Sicherheitsregelkreises dargestellt wird. Beim Einstieg in den Kreis steht dabei organisatorisch der Aufbau einer Grundstruktur mit einer Gliederung der unterschiedlichen Arbeitsbereiche.

Im Gesamtkonzept des Arbeitsschutzes wäre die Elektrotechnik ein solcher Arbeitsbereich. Da wir uns aber als Spezialisten der Elektrosicherheit mit unterschiedlichen Arbeitsbereichen innerhalb der Elektrotechnik auseinandersetzen, kann man auch für die Elektrosicherheit selbst diese Aufgliederung problemlos umsetzen.

Im jeweiligen Arbeitsbereich erfolgt daraufhin die Gefährdungsbeurteilung nach der Gefährdungsermittlung. Anschließend werden geeignete Maßnahmen abgeleitet und durchgeführt, die anschließend natürlich allen mit dem Thema in Berührung kommenden Mitarbeiterinnen und Mitarbeitern in einer fachbezogenen oder allgemeinen Unterweisung verständlich vermittelt werden.

Schließlich folgt die Wirksamkeitsprüfung der ergriffenen Maßnahmen und Dokumentation. Die Dokumentation betrifft nicht nur die ergriffenen Maßnahmen, sondern auch die vollständige Gefährdungsbeurteilung als Kernstück der Elektrosicherheit.

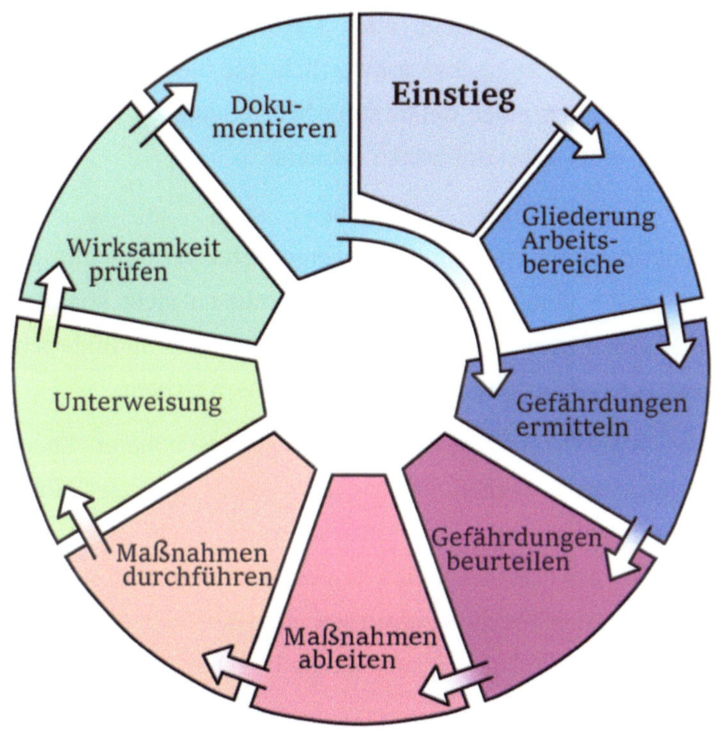

Die Gefährdungsbeurteilung ist als Regelkreis damit nicht für die Ewigkeit erschaffen, sondern unterliegt einer kontinuierlichen Verbesserung und einer kontinuierlichen Anpassung an sich ändernde Gegebenheiten. Achten Sie bei der Erstellung der Gefährdungsbeurteilung und bei der darauffolgenden Ermittlung von geeigneten Sicherheitsmaßnahmen stets auf eine realistische Einschätzung aller Gegebenheiten und holen Sie sich gegebenenfalls Feedback.

Sie müssen auch nicht alles selbst erledigen, oft sind beispielsweise Anlagenverantwortliche die besten Adressaten beim Erstellen einer Gefährdungsbeurteilung, da diese ihre Anlage auch selbst am besten kennen.

Wie viele andere Aufgaben auch so ist die Gefährdungsbeurteilung gut geeignet für Teamwork. Sie tragen die Verantwortung, aber Sie müssen nicht komplett alles selber machen. Sie müssen aber über alles im Bilde sein und alle Gefährdungsbeurteilungen kritisch sichten.

Die abgeleiteten Maßnahmen sollten auf höherer Ebene abgestimmt werden und in den Rahmen Ihres Sicherheitskonzeptes passen. Natürlich muss auch ein Konzept den Gegebenheiten regelmäßig angepasst werden, jedoch dürfen Sie nicht vergessen, dass Sie für mehr als nur eine einzelne Anlage Verantwortung tragen.

Im Fall unterschiedlicher Maßnahmen bei vergleichbaren Anlagen oder Umgebungsbedingungen sollten Sie sich selbst die Frage stellen „*Warum sind hierbei unterschiedliche Maßnahmen umgesetzt oder gar sinnvoll?*“ Und Sie sollten diese Frage auch beantworten können oder die Maßnahmen auf Linie bringen. Hierzu gehen Sie nach einem geeigneten Schema vor, wie im kommenden Kapitel beschrieben.

Maßnahmen umsetzen

Der TOP-STOP

Bevor Sie anfangen, konkrete Maßnahmen der Elektrosicherheit aus der Gefährdungsbeurteilung abzuleiten, um Gefahren, die von einem Arbeitsmittel, einer Einrichtung oder den Arbeitsverfahren wie Arbeitsbedingungen ausgehen, adäquat zu begegnen, sollten Sie sich eine zentrale Frage stellen: „*Kann man es nicht auch ganz anders machen*?“ Kann man diese Gerätschaften, Anlagen, Arbeitsverfahren nicht durch weniger gefährliche Alternativen ersetzen?

Im modernen Arbeitsschutz wird dies als Substitution bezeichnet und der klassischen Maßnahmenhierarchie „*TOP - Technisch - Organisatorisch – Persönlich*“ als „S“ vorangestellt, wodurch der neue Name dieser Maßnahmenhierarchie oft mit „*STOP*“ für „*Substituieren - Technisch - Organisatorisch - Persönlich*“ bezeichnet wird. Dies ist ein sehr schönes Akronym – oder genauer: Apronym –, da es einem, gleich der Funktion eines Stop-Schilds, verdeutlicht, kurz innezuhalten. Dieses Innehalten soll explizit dazu genutzt werden, um über grundsätzlich weniger gefährliche Alternativen nachzudenken.

Mit dem ersten Schritt „*Substitution*“ ist also nach ungefährlicheren Alternativen zu fragen. Das kann bereits durch die Modernisierung einer Anlage oder eines Anlagenteils umgesetzt werden. Oder auch durch komplett alternative Verfahren. Ob nun eine Substitution möglich ist oder nicht, so gilt grundsätzlich: Gefahren sind an der Quelle ihrer Entstehung zu bekämpfen. Dies geht mit dem TOP- oder auch STOP-Konzept einher: So ist beispielsweise eine unter Spannung stehende Leitung grundsätzlich eine elektrische Gefahr. Man könnte diese als Schutzmaßnahme etwa isolieren. Man könnte aber auch jeden Mitarbeiter nur noch mit persönlicher Schutzausrüstung in die Nähe lassen – also quasi die Personen isolieren. Jedem Menschen ist klar: Das Isolieren der Leitungen ist die bessere Wahl.

Gefahren sind grundsätzlich so gering wie möglich zu halten, optimalerweise sogar ganz zu vermeiden. Daher sind auch beim obersten Punkt *„Substituieren"* stets im Vorhinein Alternativen zu überdenken. Danach ist die TOP-Variante abzuarbeiten. Vorweg kurz zu Sicherheitsunterweisungen als Maßnahmen: Je nach nationalen Vorgaben werden Unterweisungen als Teil der Maßnahmen betrachtet oder nicht, auf jeden Fall sind sie bedeutsam und werden in einem eigenen Abschnitt vorgestellt. Betrachten wir zunächst den nächsten Punkt: die technischen Maßnahmen.

Technische Maßnahmen

Bei technischen Maßnahmen geht es darum, den Menschen von der Gefahr zu trennen. Diese sichere Trennung soll so nah an der Gefahrenquelle wie möglich erfolgen. Technische Schutzmaßnahmen sollen ein sicheres Arbeiten unter der Prämisse ermöglichen, dass Unwissenheit oder gedankenverlorenes Handeln von Betroffenen nicht zur Unwirksamkeit derselben Maßnahmen führen. Sie dürfen also nicht in der Lage sein, eine Schutzmaßnahme versehentlich oder unbeabsichtigt unwirksam zu machen beziehungsweise zu übergehen. Ein Sicherheitsschalter wie ein Notausschalter, welchen sie durch einfaches Drücken betätigen können, um eine Anlage wieder in Betrieb zu bringen – beispielsweise auch durch ein versehentliches drücken beim Anlehnen oder Hantieren –, erfüllt nicht die Anforderungen einer technischen Sicherheitsmaßnahme.

Das Ausschalten – also das in einen sicheren Zustand bringen – darf durchaus so einfach passieren (manchmal, beispielsweise beim Notaus, ist dies sogar erforderlich). Aber nicht das Versetzen in den unsicheren Zustand, etwa das Zuschalten von Spannung. Dies gilt allgemein und nicht nur für Schalter. Beispielsweise eine Abdeckung, hinter welcher sich spannungsführende Teile befinden, darf nicht durch bloßes Draufdrücken aufgehen. Auch hier muss eine gewollte Handlung vorliegen, damit sich diese entfernen lässt. Man spricht hier auch von der willensunabhängigen Wirksamkeit.

Es ist also nicht Ihre Aufgabe, eine bewusste Handlung unterbinden zu können. Es ist nicht unsere Aufgabe, Abdeckungen gegen panzerbrechende Sprengsätze zu sichern. Und wenn jemand so hirnrissig ist, eine Abdeckung mit einer Flex zu entfernen, ist das kein Versagen der technischen Schutzmaßnahme, sondern des gesunden Menschenverstandes.

Organisatorische Maßnahmen

Bei organisatorischen Maßnahmen geht es darum, eine Struktur – etwa für Handlungen und Verfahren – zu schaffen, welche für mehr Sicherheit sorgt. Dies kann etwa die Zugangsbeschränkung darstellen.

Durch technische Maßnahmen (wie abgesperrte Bereich) und persönliche Maßnahmen (wie Schutzausrüstung oder sehr beschränkte Schlüsselgewalt) wird dies oft unterstützt. Daher gehen organisatorische Maßnahmen sehr einher mit der Qualifizierung und der regelmäßigen Unterweisung von Mitarbeitern.

So ist es auch Teil der organisatorischen Maßnahmen, sicherzustellen, dass alle Erforderlichkeiten zum sicheren Betrieb beziehungsweise zum sicheren Arbeiten rechtzeitig zur Verfügung stehen. Mitarbeiter müssen frühzeitig qualifiziert werden, Werkzeuge und Schutzausrüstungen müssen in zulässigem Zustand vorhanden sein, Pläne und Arbeitsanweisungen müssen vorliegen.

Organisatorische Maßnahmen sichern auch technische Maßnahmen ab. Hierzu gehört etwa die regelmäßige und fachgerechte Prüfung von Anlagen, Betriebsmitteln und Elementen der Schutzausrüstung, beziehungsweise deren rechtzeitige Erneuerung – sofern erforderlich. Ebenso sind Vorgaben zur Bedienung technischer Maßnahmen Teil organisatorischer Maßnahmen, wie etwa Schaltgespräche bei Schalthandlungen.

Persönliche Maßnahmen

Der letzte Schritt im TOP- beziehungsweise STOP-Ablauf gestaltet sich aus den persönlichen Schutzmaßnahmen. Diese sind selten alleinstehend, sondern zumeist eine Ergänzung zu technischen und organisatorischen Maßnahmen. Sie dienen dazu, dass sich Personen gegen Gefährdungen schützen können, etwa durch isolierende Handschuhe oder mit Hilfe von Lichtbogen schützender Kleidung.

Die größte Schwachstelle bei der Verwendung persönlicher Schutzausrüstung ist die Person. Es ist, wie schon beschrieben, die grundsätzlich tolle Eigenschaft der Fachleute, ihre Arbeit gut, effektiv und effizient durchzuführen. Und da sind beispielsweise Teile einer persönlichen Schutzausrüstung gefühlt ein Hindernis oder gar lästig.

Selbst wenn der Verstand weiß, dass sie einen schützen, wird es so empfunden: „*Mit isolierenden Handschuhen lässt sich schwieriger arbeiten, man fühlt ja nichts durch das Gummi*", „*durch die Schutzbrille sieht man nicht ganz so gut*", „*das vollisolierte Werkzeug hat nicht denselben Grip wie das normale Werkzeug*", „*in der Lichtbogenschutzjacke schwitzt man sehr schnell*" und so weiter. Viel zu leicht kommt da ein „*ach, ich mach das schnell ohne, ich passe ja auf*" ins Spiel. Auf diese Weise hat so manch ein Mensch schon lebenslange Konsequenzen verantworten müssen.

Daher müssen Sie im Rahmen Ihrer Struktur nicht nur auf die Vernunft Ihrer Mitarbeiter hoffen, sondern dürfen sicherheitsrelevantes Fehlverhalten keinesfalls dulden.

Dies muss im schlimmsten Fall auch arbeitsrechtliche Konsequenzen nach sich ziehen. Vorschriften ohne negative Folgen bei Nichtbeachtung haben denselben Stellenwert wie unverbindliche Empfehlungen.

Mit „*negative Folgen*“ ist übrigens nicht der Tod durch einen Unfall gemeint, dies ist die negative Folge des Unfalls, welche aus dem Fehlverhalten resultiert. Es muss schon eine negative Folge aus dem Fehlverhalten selbst unabhängig des Worst Case sein. Dies gilt aber natürlich auch für alle anderen verhaltensbezogenen Maßnahmen, wie sie in der Organisationsstruktur festgeschrieben sind.

Die Stufen des (S)TOP als Regelkreis

Sobald eine Gefährdung aufgrund der Gefährdungsbeurteilung identifiziert wurde, wird die Umsetzbarkeit technischer Schutzmaßnahmen geprüft. Wenn technische Maßnahmen möglich sind, sind sie umzusetzen. Sofern die technischen Maßnahmen ausreichenden Schutz bieten, werden diese Maßnahmen dokumentiert. Falls technische Maßnahmen entweder gar nicht möglich oder nicht ausreichend sind, prüft man die Umsetzbarkeit organisatorischer Maßnahmen.

Wenn organisatorische Maßnahmen möglich sind, sind sie umzusetzen. Sofern die organisatorischen Maßnahmen ausreichenden Schutz bieten, werden diese Maßnahmen dokumentiert. Falls organisatorische Maßnahmen entweder gar nicht möglich oder nicht ausreichend sind, prüft man die Umsetzbarkeit persönlicher Maßnahmen.

Wenn persönliche Maßnahmen möglich sind, sind sie umzusetzen. Sofern die persönlichen Maßnahmen ausreichenden Schutz bieten, werden diese Maßnahmen dokumentiert. Falls persönliche Maßnahmen entweder gar nicht möglich oder nicht ausreichend sind, geht es erneut in die Prüfung.

Allerdings ist man vorerst am Ende der TOP- beziehungsweise der STOP-Reihe. Entsprechend ist das Restrisiko als auch die Maßnahmen neu zu prüfen beziehungsweise zu bewerten. Gegebenenfalls muss auch eine Alternative, also die Substitution, neu geprüft werden. Zumeist ist es ein Zusammenspiel aus mehreren Ebenen, allein, weil technische Schutzmaßnahmen regelmäßiger Überprüfung bedürfen. Diese regelmäßige Überprüfung stellt selbst ebenfalls eine organisatorische Maßnahme dar.

Gefahren sind grundsätzlich so gering wie möglich zu halten, optimalerweise sogar ganz zu vermeiden. Daher sind, wie beschrieben, auch beim obersten Punkt „*Substituieren*“ stets im Vorhinein Alternativen zu überdenken. Danach ist die beschriebene TOP-Variante abzuarbeiten. Je nach nationalen Vorgaben werden Unterweisungen als Teil der Maßnahmen betrachtet oder nicht. Von zentraler Bedeutung sind sie in jedem Fall. Daher befasst sich das folgende Kapitel mit diesem Thema.

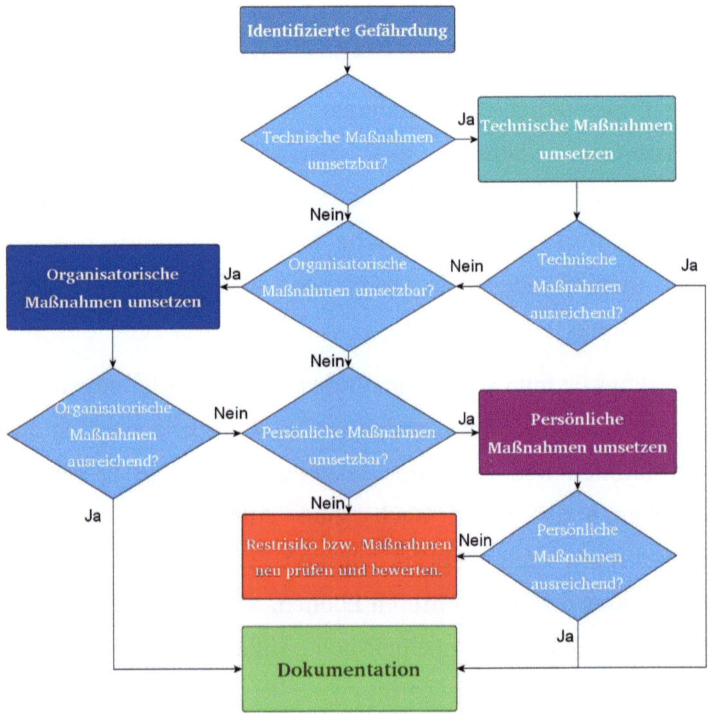

Sicherheitsunterweisungen

Das Kapitel Sicherheitsunterweisung hätte auch ein Unterpunkt im Maßnahmenkapitel werden können, da Sicherheitsunterweisungen auch als eine eigene Maßnahme betrachtet werden können. Aufgrund ihrer global nicht einheitlichen Zuordnung zum (S)TOP-Maßnahmenablauf sowie ihrer eigenen, hohen Bedeutsamkeit für die Elektrosicherheit erhalten Sicherheitsunterweisungen den Status eines eigenen Kapitels.

In einigen Ländern der Welt beziehungsweise im Rahmen von Ableitungen der Gefährdungsbeurteilung werden die Sicherheitsunterweisungen als in sogar verdrängender Weise wichtiger denn technische Sicherheitsmaßnahmen angesehen. In anderen stellen sie zwar eine zentrale Säule der Sicherheit dar, werden allerdings den persönlichen oder organisatorischen Maßnahmen und damit als Teil von (S)TOP angesehen. Eine nicht zu ersetzende Bedeutung kommt ihnen faktisch überall zu, was die Frage der Zuordnung zu (S)TOP mehr zu einer akademischen Frage denn zu einer praktischen macht.

Im Endeffekt müssen Sie diese so oder so auf Grundlage der Gefährdungsbeurteilung umsetzen. Neben den ganz allgemeinen Sicherheitsunterweisungen des generellen Arbeitsschutzes für alle Mitarbeiter gibt es auch fachspezifische Sicherheitsunterweisungen.

Dies können Unterweisungen zum Umgang mit Gefahrstoffen sein, in unserem Fall sind es elektrische Gefahren. Das betrifft natürlich alle Ihre Elektrofachkräfte sowie alle anderen Mitarbeiter, die mit oder in unmittelbarer Umgebung von elektrischen Anlagen tätig sind.
Eine elektrotechnische Sicherheitsunterweisung kann bis zu einem gewissen Umfang auch durchaus im Rahmen der allgemeinen Sicherheitsunterweisung erfolgen, allein, um Mitarbeitern, welche keinerlei Berührungspunkte mit elektrischen Systemen haben oder haben sollen, klarzumachen, wo sie sich nicht aufhalten dürfen, auf welche Zeichen sie dabei zu achten haben und welche Anweisungen damit für sie folgen. Aber das muss auch klar kommuniziert werden.
Als für die Elektrosicherheit verantwortliche Person sind Sie kein Einzelkämpfer, sondern Teil eines Teams. Daher diskutieren Sie solche Anforderungen mit dafür vorgesehenen Gremien wie der zentralen Arbeitssicherheit oder der Geschäftsleitung. Und klären Sie, ob diese Teilunterweisungen von der zentralen Arbeitssicherheit mit übernommen werden oder in Ihrem Verantwortungsbereich liegen.
Stellen Sie aber auf jeden Fall sicher, dass die Unterweisungen vollständig und rechtzeitig stattfinden. Ihre Mitarbeiter, welche an oder mit elektrischen Anlagen tätig sind, benötigen auf jeden Fall eine erweiterte Sicherheitsunterweisung, welche die Gefahren des elektrischen Stromes und den sicheren Umgang mit Anlagen sowie die richtige Verwendung

persönlicher Schutzausrüstung besonders herausstellt. Ebenso die relevanten Normen und Vorschriften, welche für die Sicherheit und den Gesundheitsschutz einzuhalten sind, sowie die Besonderheiten bestimmter Anlagen und Gefahrenquellen sowie Dos und Don'ts. Dies gilt insbesondere auch für die regelmäßige Unterweisung von allen Elektrofachkräften.

Der Status der Elektrofachkraft macht jemanden nicht spannungsfest oder immun gegen Fehler oder gar Unvorsichtigkeiten, ganz im Gegenteil. Die Routine ist stets der größte Feind des umsichtigen Handelns.

Daher müssen insbesondere auch Elektrofachkräfte regelmäßig die elektrotechnischen Sicherheitsunterweisungen mitmachen. Die Sicherheitsunterweisung muss sich sowohl auf die Tätigkeit als auch auf die Gefahren im Betrieb beziehen. Sie muss also sowohl arbeitsbezogen als auch arbeitsplatzbezogen erfolgen. Hier kann es sinnvoll sein, zwischen der elektrotechnischen Sicherheitsunterweisung und einer Einweisung zu unterscheiden. Insbesondere die auf einzelne Produkttypen zugeschnittenen, spezifischen Themen können Teil einer separaten Einweisung vor Ort etwa durch den jeweiligen Anlagenverantwortlichen erfolgen, dies muss jedoch dokumentiert werden, um dies im Zweifelsfall nachweisen zu können.

So kann es eine gemeinsame Sicherheitsunterweisung für die in der Elektrotechnik tätigen Personen geben und zusätzlich am Arbeitsplatz beispielsweise eine eigene Einweisung durch den Anlagenverantwortlichen in explizit genau diesem Anlagentyp. Egal, ob Sie die Unterweisungen zu

Elektrosicherheit also extern oder intern durchführen lassen, achten Sie darauf, dass die arbeitsplatz- und arbeitsspezifischen Teile nicht zu kurz kommen. Je nach jeweiligem Recht müssen diese Unterweisungen in definierten Zeitabständen erfolgen, regulär sollten diese aber mindestens einmal im Jahr durchgeführt werden.

Da sich aus der Pflicht, Ihre Mitarbeiter entsprechend aller Gefahren zu unterweisen, natürlich ergibt, dass diese unterwiesen sein müssen, bevor sie mit elektrotechnischen Arbeiten oder Anlagen zu tun haben, kann sich die Unterweisung nicht auf eine einfache, jährliche Pflichtübung beschränken. Vielmehr ist es erforderlich, diese auch bei Neueinstellungen oder sich ändernden Umständen durchzuführen.

Auch kann es sein, dass besondere Ereignisse, wie erneuerte Vorgaben oder auch nach der Untersuchung von Unfällen eine eigene, zusätzliche Unterweisung für alle Personen im elektrotechnischen Bereich durchzuführen, erforderlich macht. Zudem sollten mindestens die arbeits- und anlagenbezogenen Teile der Unterweisung die entsprechenden Gefährdungsbeurteilungen zur Grundlage haben. Stellen Sie sicher, die Sicherheitsunterweisungen stets als Teil des Gesamtkonzeptes zu betrachten – also all Ihre Maßnahmen, alle Strukturen, alle technischen und organisatorischen sowie persönlichen Faktoren, Vorgaben, Gegebenheiten, Einrichtungen in den Einweisungen zu Ihren Sicherheitsunterweisungen zu berücksichtigen.

In Kürze lässt sich also sagen, dass die jährliche Sicherheitsunterweisung für alle Mitarbeiter obligatorisch ist, die in der Elektrotechnik tätig sind. Neben den Auswirkungen und Gefahren des elektrischen Stroms auf den menschlichen Körper sollte auch auf die Sicherheitsmaßnahmen und Vorgaben in Ihrem Unternehmen eingegangen werden.

Diese Sicherheitsunterweisung muss mindestens einmal im Jahr erfolgen, zudem stets zur Einstellung eines neuen Mitarbeiters, spezifisch bei neuen Aufgabenbereichen, als auch zur Einführung neuer Maschinen, Werkzeuge oder Arbeitsverfahren. Außerdem im Fall von Arbeitsunfällen oder anderen Vorkommnissen, welche dieses sinnvoll erscheinen lassen.

Diese Unterweisung muss für alle Mitarbeiter verständlich sein. Es ist also auch erforderlich, dass alle Teilnehmer die Möglichkeit haben, Fragen zu stellen.

Die Teilnehmer sollen aber nicht nur passiv ihre Zeit absitzen. Eine Prüfung zur Sicherheitsunterweisung ist zwar unüblich, aber die Teilnehmer in das Geschehen mit einzubeziehen, ist eine gute Option, um sicherzustellen, dass die Inhalte wirklich verstanden wurden.

Die Unterweisung hat durch eine Elektrofachkraft zu erfolgen. Eine Unterweisung können Sie auch extern vergeben, jedoch ist es ratsam, der unterweisenden Person entsprechende Informationen zu den Aufgabengebieten des Auditoriums zukommen lassen. Spezifische Inhalte können Sie als Teil der jeweiligen arbeits- oder anlagenbezogenen Einweisung vor Ort umsetzen.

Die Sicherheitsunterweisung als auch Einweisungen sind zu dokumentieren. Die Dokumentation umfasst die Inhalte ebenso wie Datum und Dauer der Unterweisung, die Namen und Unterschriften der Teilnehmer sowie den Namen der unterweisenden Person.

Bitte verwechseln Sie nicht Unterweisung und Einweisung. Eine Einweisung kann zwar Teil einer Unterweisung sein, beschreibt aber genaue Arbeitsabläufe und Sicherheitsmaßnahmen am jeweiligen Arbeitsplatz, den Umgang mit den jeweiligen Arbeitsmitteln und so weiter.

Bedenken Sie bitte: All Ihre Strukturen, Ihre Vorgaben, Ihre Schilder, Warnzeichen, Arbeitsabläufe, Sicherheitsprotokolle und Kommunikationsstrukturen entfalten nur dann ihre volle Wirkung, wenn Ihre Mitarbeiter involviert und adäquat unterwiesen sind! Achten Sie daher sehr auf die regelmäßige, fachkundige, umfangreiche und für alle verständliche Sicherheitsunterweisung!

Arbeitsbereiche und Arbeiten erhöhter Gefahr

Sofern es Arbeiten oder auch Arbeitsbereiche erhöhter Gefahr gibt, müssen Sie auch adäquate Sicherheitsmaßnahmen und Strukturen der Sicherheit schaffen. Dies ist folgerichtig abzuleiten aus dem einfachen Grundsatz: Je höher die Gefahr, desto größer die Sorgfalt, die zum Umgang mit selbiger erforderlich ist.

Dies fängt allein dabei an, dass Areale besonderer Gefahr zugangsbeschränkt sein müssen. So haben zumeist nur die Anlagenverantwortlichen und speziell dafür qualifizierte Personen von Wartungsdiensten die Schlüsselgewalt zu bestimmten Anlagen oder auch Räumen oder sogar Gebäuden oder Geländen. Und auch dann müssen natürlich diejenigen, welche diese Bereiche betreten, entsprechend qualifiziert, geschützt und unterwiesen sein.

Natürlich gibt es nicht nur eine Zweiteilung, in der gesamten Gefährdungsbeurteilung wurden ja auch bereits mögliche Folgen und deren Wahrscheinlichkeit untersucht. Dennoch gibt es, salopp gesagt, auch weitere Faktoren neben der bloßen Wahrscheinlichkeit des Todes als schlimmsten denkbaren Fall, die eine Rolle spielen.

So sind Hochspannungsanlagen mit einer größeren Zahl an möglichen, lebensgefährdenden Faktoren behaftet als Niederspannungsanlagen, obwohl gewisse Fehler bei beiden zum Tode oder zu schweren Verletzungen führen können.

Diese sind besondere Gefahren. Zwei Paradebeispiele für erhöhte Gefahren sollen hierbei etwas genauer betrachtet werden. Dies sind Arbeiten unter Spannung und besondere Schalthandlungen.

Arbeiten unter Spannung

Das Arbeiten unter Spannung ist eindeutig eine erhöhte Gefahr und entsprechend des Prinzips „*Gefahren zu vermeiden*" und der „*Substitution*" als erste Maßnahme, wo es geht, zu vermeiden. Faktisch ist das Arbeiten unter Spannung damit erst einmal grundsätzlich untersagt.

Wo das Wort „*grundsätzlich*" drin steckt, gibt es zumeist auch Ausnahmen. Die Ausnahmen für das Arbeiten unter Spannung stellen entsprechend der (S)TOP-Stufen deren Notwendigkeit dar. Es müssen also „*zwingende Gründe*" sein.

Ein beträchtlicher Anteil der Stromunfälle von Elektrofachkräften liegt tatsächlich darin, dass nicht freigeschaltet wurde, obwohl es notwendig gewesen wäre. Zumeist aus Routinedenken, Unterschätzen der Gefahr oder schlicht Bequemlichkeit. Dies sind, wie Sie sich denken können, alles keine zwingenden Gründe.

Ein zwingender Grund wäre beispielsweise, wenn durch das Abschalten Menschenleben in Gefahr wären. So werden in Krankenhäusern öfter elektrotechnische Arbeiten an der Installation durchgeführt, die in Wohn- oder Bürogebäuden eindeutig im spannungsfreien Zustand durchgeführt würden.

Es gibt aber auch Fälle, in welchen das Spannungsfreischalten schlichtweg technisch nicht möglich ist. Eine Photovoltaikdachanlage lässt sich nun einmal nicht abschalten. Hier bleibt zwar möglicherweise die Option, bei völliger Dunkelheit zu arbeiten, ob dies aber umsetzbar oder gar bezüglich anderer Gefahren wie der Absturzgefahr viel sicherer wäre, ist fraglich und steht oft in keinem aus der Gefährdungsbeurteilung abzuleitenden Verhältnis.

Arbeiten an Großbatterieanlagen, Hochvoltbatterien in der Produktion oder Entwicklung gehören auch zu den technisch nicht spannungsfreischaltbaren Systemen. Auch hier ist also Arbeiten unter Spannung nach den Grundsätzen des (S)TOP zulässig.

Ein weiterer zwingender Grund liegt vor, wenn das Arbeiten während des Betriebs unter Spannung zum Gelingen der Arbeit erforderlich ist, etwa bei der Fehlersuche, wenn sich ein Fehler nicht im freigeschalteten Zustand ermitteln lässt, oder auch bei bestimmten Tätigkeiten in Forschungs- und Entwicklungslaboren.

Außerdem kann es, von verschiedenen Faktoren abhängig, als zwingender Grund angesehen werden, wenn im Falle des Abschaltens ein erheblicher wirtschaftlicher Schaden droht. Sie merken bereits an der Formulierung, dass dies ein besonders kritisch zu hinterfragender Grund für das Arbeiten unter Spannung ist.

„*Erheblicher wirtschaftlicher Schaden*“ ist eine Frage der jeweiligen Sichtweise aus der spezifischen Situation heraus.

Würden Sie den Strom für eine Metropolregion abschalten, um ein elektrotechnisches Bauteil im Rahmen einer Routinewartung zu ersetzen? Das wird vermutlich problemlos als *„Erheblicher wirtschaftlicher Schaden“* anerkannt, welcher die Durchführung von Arbeiten unter Spannung rechtfertigt.

Ich empfehle Ihnen aber dringend, mit der Begründung des erheblichen wirtschaftlichen Schadens sehr vorsichtig umzugehen, da dieser im Fall eines Arbeitsunfalls am intensivsten hinterfragt wird. Zudem müssen die ausführenden Elektrofachkräfte entsprechend qualifiziert sein, inklusive arbeitsmedizinischer Untersuchung und Erste-Hilfe-Ausbildung.

Alle Arbeiten erhöhter Gefahr und damit auch das Arbeiten unter Spannung erfordern eine entsprechende Dokumentation. Dies ist etwa dadurch erfüllt, und gegebenenfalls sogar rechtlich vorgeschrieben, wenn einer Arbeit unter Spannung eine schriftliche Anweisung im Vorfeld zugrunde liegt. Natürlich ist auch eine entsprechende Persönliche Schutzausrüstung erforderlich, hierzu gibt es ein eigenes Kapitel.

Besondere Schalthandlungen

Nicht nur das Arbeiten unter Spannung, sondern auch besondere Schalthandlungen können eine deutlich erhöhte Gefahr bedeuten. Die besonderen Zutrittsberechtigungen lassen sich erweitern oder auch grundsätzlich verstehen als

Berechtigungen zu bestimmten Arbeiten, wie Sie diese auch schon im Fall der Arbeiten unter Spannung beschrieben fanden.

Die verantwortliche Person, in unserem Fall also Sie als Verantwortliche Elektrofachkraft, erteilt geeigneten Mitarbeitern eine Schaltberechtigung. Dies ist nicht mit einem Schulungszertifikat zu verwechseln.

Ein Zertifikat, welches man nach einem Seminar mit dem Titel *„Schaltberechtigung“* oder eigentlich korrekt *„Schaltbefähigung“* bekommt, ist lediglich der dokumentierte Nachweis, dass diese Person prinzipiell so viel Ahnung von den Besonderheiten und Gegebenheiten von Schaltvorgängen hat, dass man ihr das grundsätzlich zutrauen kann.

Grundsätzlich, aber nicht zwingend konkret. Um das konkret zu tun, müssen Sie sich als Verantwortliche Elektrofachkraft näher damit beschäftigen. Denn Sie, als die für die Elektrosicherheit verantwortliche Person, vergeben ja die Schaltberechtigung; Sie tragen die Verantwortung, das heißt, Sie entscheiden.

Die zentrale Fragestellung hierbei ist: WER darf WO WELCHE Anlagen WANN und UNTER WELCHEN BEDINGUNGEN schalten?

Braucht somit also jede Mitarbeiterin und jeder Mitarbeiter im Unternehmen eine Schaltberechtigung, um den Drucker einzuschalten?

Nein, natürlich nicht – es sei denn, es gibt Umstände, die es sinnvoll bzw. erforderlich machen, dass Sie das so entscheiden. Man kann im Allgemeinen davon ausgehen, dass eine solche Schalthandlung höchstens am Suchen des Schalters scheitern könnte, beinhaltet jedoch keinerlei Sicherheitsbedenken.

Grundsätzlich ist aus Sicht der Sicherheit also ein elektrotechnisch nicht qualifizierter Mitarbeiter durchaus befähigt, eine Schalthandlung an einem als eigensicher zu bezeichnenden Drucker oder anderen alltäglichen Elektrogerätschaften, welche ordnungsgemäß geprüft und als sicher zur Benutzung eingestuft und freigegeben sind, durchzuführen – ausschließlich befähigt. Berechtigt natürlich nur dann, wenn Sie ihm das gestatten.

Dieses Beispiel stellt auch bereits die Differenzierung zwischen Befähigung und Berechtigung dar: Aufgrund meines Führerscheines und meiner umfangreichen Fahrerfahrung mit verschiedenen Fahrzeugen bin ich befähigt, Ihren PKW zu fahren. Vielleicht muss ich mit diesem vertraut werden, aber an sich bin ich hierzu befähigt. Berechtigt bin ich allerdings erst, wenn Sie es mir erlauben – ist ja Ihr Auto.

Ebenso ist es mit der Schaltberechtigung in Ihrem Unternehmen. Sie als Verantwortliche Elektrofachkraft müssen sicherstellen, dass alle damit beauftragten Mitarbeiter in der Lage sind, die Vorschriften und Maßnahmen zur Gewährleistung der Sicherheit einzuhalten, die für deren Arbeiten erforderlich sind.

Sie suchen befähigte Personen aus und geben diesen dann entsprechende Berechtigungen. Daher heißen die meisten Seminare auch korrekterweise „*Schaltbefähigung*“, nicht „*Schaltberechtigung*“. Das kann eine für Sie wichtige Grundlage darstellen, aber je nach Schalthandlung können Sie die Qualifizierungen auch intern durchführen.

Bedenken Sie jedoch: Sie müssen die Befähigung Ihrer Mitarbeiter nachweisen können, allerspätestens im Fall eines Arbeitsunfalls! Woher weiß man aber nun, welche Schalthandlungen eine besondere Gefahr darstellen?

Dies ist stets eine Frage der Gefährdungsbeurteilung, aber erlauben Sie vorab einen kurzen Exkurs in die Spannungsebenen aus Sicht der Sicherheit. Man unterscheidet grundsätzlich zwischen Kleinspannung, Niederspannung und Hochspannung. Die Hochspannung wird im Allgemeinen weiter unterteilt in die sogenannte Mittelspannung, eigentliche Hochspannung, Höchstspannung und sogar Ultrahochspannung, aber es ist dennoch grundsätzlich die Hochspannungswelt. Dies aufzuzeigen, ist relativ kurz, wenn auch etwas stark simplifiziert umgesetzt:

- Kleinspannung: Ihnen passiert nichts, selbst wenn Sie ein spannungsführendes Teil berühren.
- Niederspannung: Ihnen passiert nichts, solange Sie kein spannungsführendes Teil berühren.
- Hochspannung: Ihnen passiert nur dann nichts, solange Sie hinreichend Abstand halten, da bereits

eine zu geringe Distanz zu einem starken Stromschlag oder Lichtbogen führen kann.

Die Frage der Sicherheit muss also ab Mittelspannung auch neu gestellt werden. Denn bei Spannungen ab Mittelspannungsebene kann es auch ohne leitendes Berühren spannungsführender Teile zu schweren Vorfällen kommen, da bei hohen elektrischen Feldstärken, wie sie von solch hohen Spannungen erzeugt werden, bereits bei Annäherungen ein Lichtbogen entstehen kann.

Hieraus ist ersichtlich, dass der Hochspannungsbereich, also alles ab Mittelspannung, eine erhöhte Gefahr bedeutet. Liegt keine erhöhte Gefahr vor, so ist auch keine besondere Schalthandlung unter der Voraussetzung einer gesondert ausgesprochenen Schaltberechtigung gegeben. Liegt diese aber vor, beispielsweise durch manuelle Schalthandlungen an Mittelspannungsanlagen, so sind die Schaltvoraussetzungen zu definieren.

Die Gefährdung gerade in Mittelspannungsanlagen rührt jedoch nicht allein von der Spannungshöhe, sondern gegebenenfalls auch vom Aufbau der Anlage her.

So kann es etwa sein, dass mehrere Transformatoren parallelgeschaltet sind und das Freischalten eines Transformators nicht ausreicht, weswegen eine genaue Kenntnis der jeweiligen Anlage samt zugehörigen Schaltplans

– und damit eine klare Struktur des Schaltens – gegeben sein muss.

Sofern ein bestimmter Mitarbeiter schalten soll, benötigt dieser zuerst eine Schaltbefähigung, beispielsweise durch eine gesonderte Qualifizierung.

Sobald er diese hat, kann ihm eine Schaltberechtigung durch Sie als Verantwortliche Elektrofachkraft erteilt werden. Bitte prüfen Sie auch, dass wirklich nur Berechtigte Zugang zu den Schaltanlagen haben. Sollte dies nicht gewährleistet sein, sorgen Sie dafür! Natürlich ist das Beschriebene auch entsprechend zu dokumentieren.

Insbesondere, wenn jemand oder auch Dritte möglicherweise gefährdet ist oder sind, ist eine Regelung zur Schaltberechtigung erforderlich. In erster Linie natürlich bei der Gefährdung von Gesundheit und Leben, in zweiter Linie aber auch bei der Gefährdung anderer Rechtsgüter, einschließlich auftretender Kosten, beispielsweise infolge von versehentlichem Produktionsausfall.

Daher noch einmal kurz die wichtige Fragestellung: WER darf WO WELCHE Anlagen WANN und UNTER WELCHEN BEDINGUNGEN schalten?

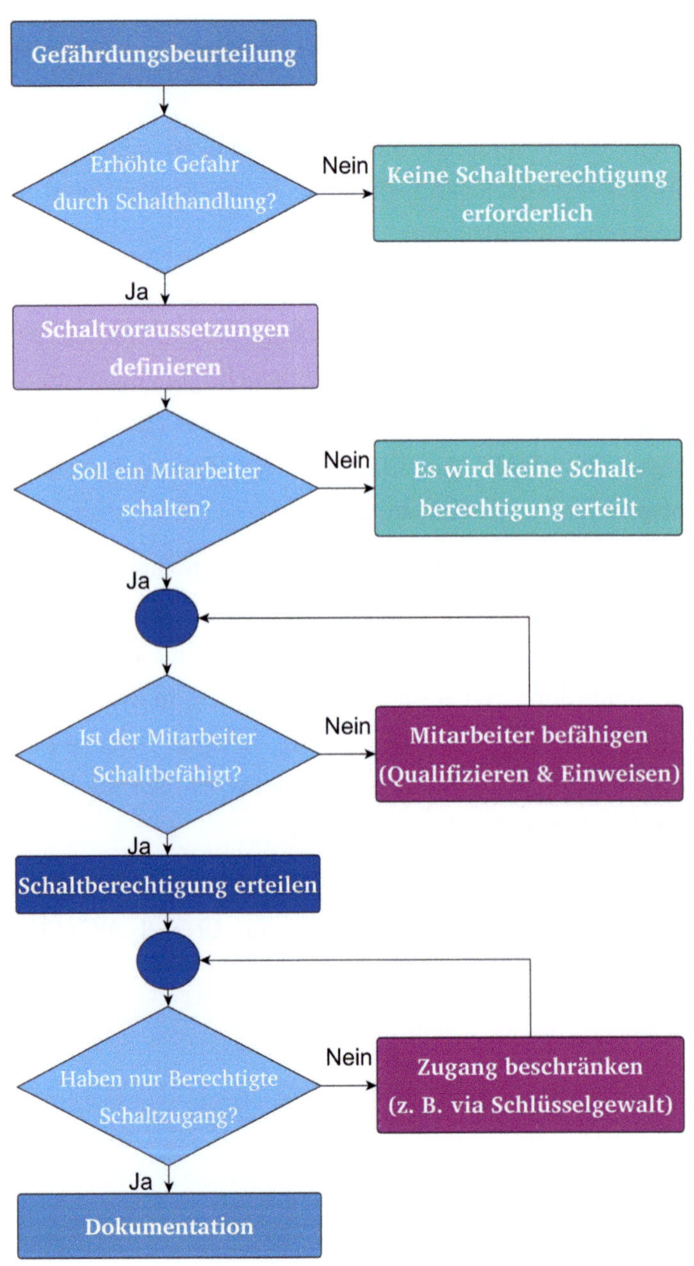
Gefährdungsbeurteilung
Erhöhte Gefahr durch Schalthandlung?
Nein
Keine Schaltberechtigung erforderlich
Ja
Schaltvoraussetzungen definieren
Soll ein Mitarbeiter schalten?
Nein
Es wird keine Schalt-berechtigung erteilt
Ja
Ist der Mitarbeiter Schaltbefähigt?
Nein
Mitarbeiter befähigen (Qualifizieren & Einweisen)
Ja
Schaltberechtigung erteilen
Haben nur Berechtigte Schaltzugang?
Nein
Zugang beschränken (z. B. via Schlüsselgewalt)
Ja
Dokumentation

Persönliche Schutzausrüstung

Öfter wurde sie bereits in vorangegangenen Kapiteln erwähnt, die Persönliche Schutzausrüstung. In vielen Staaten ist die Pflicht zur Verwendung von PSA sogar gesetzlich geregelt. Sie ergibt sich aber auch aus der Logik der bisherig beschriebenen Maßnahmen und bedarf zu ihrer Erforderlichkeit daher nicht zwingend einer expliziten gesetzlichen Vorgabe.

Sie ist eine der wichtigsten Umsetzungen der persönlichen Maßnahmen, wenn technische und organisatorische Maßnahmen alleine nicht ausreichen. Persönliche Schutzausrüstungen gibt es für alle denkbaren Bereiche.

In diesem Buch ist die Persönliche Schutzausrüstung – kurz PSA – zum Schutz gegen elektrische Gefahren, wie Körperdurchströmung oder Lichtbögen, das Thema. Diese umfasst im Regelfall:

- Lichtbogenschützende Arbeitskleidung
- Isolierende Schutzanzüge
- Isolierende Handschuhe
- Lichtbogengeschützte Handschuhe
- Isolierter Schutzhelm mit Visier
- Adäquate Sicherheitsschuhe
- Isolierende Abdeckungen und Matten
- Isoliertes oder vollisoliertes Werkzeug

Welche dieser PSA-Elemente wann benutzt werden müssen, ergibt sich aus dem TOP-Ablauf entsprechend der Gefährdungsbeurteilung. Ebenso die jeweilige Güte beziehungsweise Kategorie.

Dabei ist es nicht ratsam, immer auf Nummer sicher gehend die höchste Schutzstufe zu verwenden. So gibt es beispielsweise isolierende Handschuhe bis 1.000 V aber auch bis 11.000 V Spannung. Seien Sie versichert: Wenn Sie nur mit 400 V Systemen zu tun haben sollten, wird es weder einen höheren Schutz bieten, die isolierenden Handschuhe bis 11.000 V zu verwenden, noch wird es Ihnen irgendjemand danken.

Schon bei isolierenden Handschuhen bis 1.000 V fehlt dem Benutzer ein Großteil seines Fingerspitzengefühls. Bei isolierenden Handschuhen bis 11.000 V wird jeder Mensch mit noch so geschickten Fingern zum absoluten Grobmotoriker! Dies ist damit sogar nochmal eine unnötige Erhöhung der Gefahr. Etwas, was eine PSA auf jeden Fall vermeiden sollte.

Hinzu kommt noch der Faktor Mensch – mit seinen Bedürfnissen, Wahrnehmungen und Empfindungen. Mit Handschuhen lässt es sich schlechter arbeiten, das Visier am Helm bietet doch keinen so perfekten Durchblick wie eine freie Sicht, auch wenn es vollständig durchsichtig ist. Bei warmen Temperaturen ist es unter dem Helm nicht lange auszuhalten und so weiter. Vergleichbares gilt für die dicke Lichtbogenschutzkleidung.

Je häufiger und je umfangreicher eine PSA mit je höherer Schutzkategorisierung getragen werden muss, desto höher wird das natürliche und nicht zwingend beabsichtigte Bedürfnis, diese nicht zu benutzen.

Umso geringer wird damit auch das Verständnis der Personen ausfallen, welche die persönliche Schutzausrüstung nutzen sollen, und umso weniger werden unterschiedliche Gefährdungsstufen differenziert. Kein Mensch kann 100 % Aufmerksamkeit und volle Wachsamkeit über viele Stunden aufrechterhalten. Es muss auch wahrnehmbare Abstufungen geben. Lassen Sie denjenigen also stets eine geeignete Schutzausrüstung benutzen.

So wird bei eher einfachen elektrotechnischen Arbeiten einfache Arbeitskleidung mit Sicherheitsschuhen ausreichen, bei Arbeiten in der Nähe unter Spannung stehender Teile ein höherer persönlicher Schutz gefordert, welcher bei Arbeiten unter Spannung oder bei Arbeiten an Mittelspannungsanlagen nochmal anders aussieht.

Und auch bei der Klarheit dieser groben Aufzählung kommt es doch stets auf den Einzelfall an und natürlich auf die jeweilige Gefährdungsbeurteilung.

Auch muss eine PSA in gewissen Abständen geprüft werden. Bei einigen Teilen der PSA lohnt sich dies gar nicht, da diese nicht nur altern, sondern auch in keinem Preisverhältnis von Neuanschaffung zu Prüfungsaufwand stehen.

Hierzu gehören etwa isolierende Handschuhe, deren Gummimischung einfach altert und porös und brüchig wird. Daher sind diese vor der Benutzung auch stets kurz auf Dichtigkeit zu testen.

Noch ein kleiner Hinweis zum Begriff „*Persönlich*" in „*Persönliche Schutzausrüstung*": Damit ist wörtlich gemeint, dass die Ausrüstung persönlich ist und kein Gemeinschaftsgut darstellt. Allein schon aus hygienischen Gründen dürfte jedem Menschen klar sein, warum das Teilen der Handschuhe, Schuhe oder warmen Schutzkleidung nicht nur in den besonders warmen Jahreszeiten unbestritten abzulehnen ist. Auch ist es die Verantwortung einer jeden Elektrofachkraft, sich um die eigene Persönliche Schutzausrüstung entsprechend Weisung und Unterweisung zu kümmern. Die PSA ist der letzte und unmittelbarste Schutz. Hierbei sollte man nicht auf die Wartungsdisziplin von Kollegen vertrauen müssen, sondern selber darauf achten.

Auch wenn Mess- und Prüfinstrumente je nach Richtlinien nicht unbedingt direkt zur Persönlichen Schutzausrüstung gehören, sei zum Schluss noch betont, dass stets nur geeignete Gerätschaften verwendet werden dürfen!

Das wichtigste Prüfinstrument der Elektrosicherheit ist bekanntlich der zweipolige Spannungsprüfer. Dies gilt unumstritten im Niederspannungsbereich. Sie sollten daher tunlichst darauf achten, den Niederspannungsbereich sowie den Mittel- und Hochspannungsbereich in den Arbeitsanweisungen klar getrennt zu kennzeichnen. Mit einem zweipoligen Spannungsprüfer hat man in der Mittelspannungswelt nichts verloren! Die Benutzung von diesem kann sogar zu Lebensgefahr führen, ebenso wie der Einsatz unzureichender PSA.

Daher sei an dieser Stelle erneut betont, dass eine Persönliche Schutzausrüstung niemals allein als Schutzmaßnahme ohne Zusammenspiel mit anderen Maßnahmen eingesetzt werden kann, sondern stets mindestens mit organisatorischen Maßnahmen zusammenwirkt. Allein zur Auswahl der richtigen Ausrüstung ist damit eine klare, abgegrenzte Kennzeichnung erforderlich.

Jede Persönliche Schutzausrüstung ist maximal so gut wie die Gedanken, die man sich bei der Erstellung der Vorgaben zur Nutzung gemacht hat.

Zusammenarbeit mehrerer Unternehmen und mit internationalen Teams

Auch wenn in diesem Buch grundsätzliche Regeln vorgestellt werden, so sind selbstverständlich jeweilige Landesregeln zu beachten, diese können hier daher nicht allgemeingültig beschrieben wieder. Diese jeweils gültigen Regeln nach lokaler Rechtslage gelten natürlich auch dann, wenn Teams oder Fremdfirmen aus anderen Ländern elektrotechnische Arbeiten in Ihrem Verantwortungsbereich ausführen.

In diesem Fall ist es ebenso wie bei inländischen Subunternehmern nicht empfehlenswert, für jeden Mitarbeiter der Partnerabteilung oder des Subunternehmers selbst eine fachliche Einschätzung abzugeben.

Erstens ist das nicht Ihre Aufgabe, zweitens nicht Ihr Zuständigkeitsbereich und drittens ist es auch nicht nur schwierig, sondern de facto unmöglich, Personen, mit denen man noch nie im Leben gearbeitet hat, korrekt einzuschätzen sowie einzusetzen, ohne in Teufels Küche zu geraten. Insbesondere, wenn diese Person möglicherweise einer Ausbildungs- und Qualifizierungsstruktur entspringen, mit welcher man selbst nicht vollends vertraut ist.

Alles, was da getan werden kann und vielleicht auch getan werden muss, ist, bestimmte, rechtlich geforderte Zulassungen oder Anforderungen zu verifizieren. Zeitgleich sind Sie jedoch durchaus verpflichtet, sicherzustellen, dass elektrotechnische Arbeiten nur von Elektrofachkräften oder unter deren Leitung und Aufsicht durchgeführt werden, gerade, wenn es Anlagen Ihres Zuständigkeitsbereichs sind. Es treffen also die Zuständigkeit für die Anlagen, welche Ihnen beziehungsweise Ihren Mitarbeitern obliegt, und die Zuständigkeit für die ausführenden Elektrofachkräfte, welche deren Arbeitgeber obliegt, zusammen.

Wie also erfüllt man am besten und einfachsten diese Verpflichtung?

Klären Sie im Vorfeld mit den jeweiligen Repräsentanten des Fremdunternehmens alle notwendigen Voraussetzungen. Verdeutlichen Sie, welche Anforderungen an Mitarbeiter, die an Ihren Anlagen elektrotechnische Arbeiten ausführen, Bedingung sind. Lassen Sie sich vom Teamleiter oder Kunden schriftlich versichern, dass es sich bei allen von ihm entsandten Mitarbeitern um Elektrofachkräfte handelt.

Natürlich bleibt Ihr Verantwortungsbereich allein Ihr Verantwortungsbereich. Wenn Sie feststellen, dass einzelne oder mehrere Mitarbeiter der Fremdfirma nicht den Regeln entsprechend arbeiten, müssen Sie adäquat handeln.

Sprechen Sie sich auf jeden Fall mit dem zuständigen Teamleiter des Fremdteams ab, Sie arbeiten schließlich mit diesem zusammen. Dies gilt für die Zusammenarbeit mit Fremdfirmen aus dem In- und Ausland. Jeder Mensch, welcher Ihre Anlage betritt, muss über mögliche Gefahren sowie Vorgaben instruiert werden.

Dies ergibt sich allein bereits aus Ihrer Fürsorgepflicht und sollte daher Teil Ihrer Struktur sein, einschließlich Ihrer Vorgaben zu Schaltgesprächen, Übergabeverfahren von Anlagenverantwortlichen zu Arbeitsverantwortlichen und so weiter.

Auch, wenn Sie nicht direkt gegenüber Mitarbeitern anderer Unternehmen oder Fremdteams weisungsbefugt sind, so ist die Erteilung des Zutritts und der Handlungen an Ihren Anlagen durchaus in Ihrem Befugnis-Rahmen. Sie dürfen dies jedem Menschen verweigern, wenn es die Sicherheit gebietet. Ebendarum dürfen Sie auch jegliche Handlungen unmittelbar unterbinden, wenn sich daraus eine Gefahr ergibt, egal, ob für den Handelnden, für Ihre Mitarbeiterinnen und Mitarbeiter oder die Installation.

Sie haben also durchaus verschiedene Handlungsmöglichkeiten. Um einen reibungslosen Anlauf von Arbeiten zu gewährleisten, sollten Sie darauf achten, Vorgaben, welche Sie machen, klar, verständlich und möglichst frühzeitig sowie in dokumentierter Form zur Verfügung zu stellen. Unabhängig davon, ob Sie ausschließlich die Elektrosicherheit zu Ihren Aufgaben zählen oder auch für weitere betriebliche Interessen einstehen: Beachten Sie stets, dass es immer darum geht, den Betrieb aufrechtzuerhalten. Wenn die Vorgaben erst vor Ort bekanntgemacht werden, ist nicht immer garantiert, dass Mitarbeiter anderer Teams oder Unternehmen darauf adäquat vorbereitet sind.

Egal, ob diese Vorgaben nun personeller Natur sind oder Ausrüstung betreffen: Eine klare, und einheitliche Regelung schafft intern wie extern reibungslosere Abläufe und vor allem auch höhere Akzeptanz. Beachten Sie stets: Bei Zusammenarbeit geht es darum, gemeinsam an einem Strang zu ziehen.

Und bedenken Sie auch bei aller Kooperation: Wenn es um Gefahren geht, die von Ihrer Anlage oder anderen Faktoren Ihres Verantwortungsbereiches ausgehen, so geben Sie die Regeln vor!

Konsequenzen der Nichtbeachtung von Vorschriften

Ob Sie als für die Elektrosicherheit verantwortliche Person in der Rolle der Verantwortlichen Elektrofachkraft auch der disziplinarische Vorgesetzte von Mitarbeitern in der Elektrotechnik sind, sollte bei der Bestellung geklärt werden. Auf jeden Fall haben Sie als Verantwortliche Elektrofachkraft nicht nur die Kompetenz, Mitarbeiter zu Elektrofachkräften zu ernennen, Sie dürfen diesen Status auch jedem Mitarbeiter jederzeit aberkennen.

Dies gilt auch für den Zutritt zu bestimmten elektrotechnischen Anlagen oder die Zuständigkeit für bestimmte Aufgaben. Sie als Verantwortliche Elektrofachkraft entscheiden am Ende, wer welche elektrotechnischen Arbeiten im Unternehmen ausführen darf.

Falls Sie selbst der disziplinarische Vorgesetzte sind oder sich mit diesem abstimmen, beachten Sie, dass arbeitsrechtliche Konsequenzen gerade bei sicherheitsrelevanten Verstößen geeignete und adäquate Mittel darstellen müssen. Je nach Schwere des Verstoßes und den potentiellen Folgen desselben – sprich der eigentlichen Gefährdung – ist ein anderes Mittel angebracht.

Zudem muss es bei Wiederholung eine spürbare Verschärfung geben. Wenn jemand kontinuierlich Sicherheitsvorgaben ignoriert, können Sie nicht einfach nur jedes Mal ein ermahnendes Gespräch führen. Das kann man gegebenenfalls ein- oder zweimal machen. Aber, wenn man immer nur versucht, gut zuzureden und sonst keine Konsequenzen folgen, wird Ihnen das als faktische Duldung des Verhaltens ausgelegt.

Erwähnt seien in diesem Zusammenhang die konventionellen Eskalationsstufen der Sanktionsmöglichkeiten:

- Die mündliche Ermahnung
- Der schriftliche Verweis
- Die schriftliche Abmahnung
- Die Kündigung

Diese schwerste und folglich letzte Maßnahme als einseitige Beendigung des Arbeitsverhältnisses stellt de facto das Versagen aller anderen vorangestellten Mittel dar, wobei der Weg dahin sehr stark von den jeweiligen Landesgesetzen sowie gesellschaftlichen Konventionen und der Unternehmenspolitik abhängt.

Die genannten Konsequenzen obliegen zudem gegebenenfalls gar nicht Ihnen, Sie sollten hier aber auf jeden Fall eine Meinung vertreten. Eine Abwägung milderer Mittel sollte in Betracht gezogen werden. Im gerechtfertigten Fall tut man sich aber auch keinen Gefallen damit, die Kündigung – oder andere Varianten zur Beendigung des Arbeitsverhältnisses – als Mittel abzulehnen.

Nach erfolglosen Versuchen über Gespräche und mildere Möglichkeiten bleibt einem leider nicht mehr viel anderes übrig, als sich voneinander zu trennen. Da diese Maßnahmen grundsätzlich eine Eskalationspyramide, darstellen sollte gerade der erste Schritt sehr deutlich und klar sein. Auch bei scheinbar geringen Verstößen sollten Sie ein klares Statement als mündliche Ermahnung abgeben.

Hierbei wird oft irreführenderweise angenommen, dies bedeutet, möglichst lange auf den jeweiligen Mitarbeiter einzureden. Dies führt oft aber nur dazu, dass sich der Mitarbeiter fühlt wie ein Teenager, welcher es gewohnt ist, bei einer Standpauke auf Durchzug zu schalten. Ohne, dass es vom Mitarbeiter beabsichtigt wird, stuft er Sie allein aus emotionalem Eigenschutz schlicht als zumindest anstrengend oder sogar nervig ein mit der klassischen *„Lass die Führungskraft mal labern*“-Einstellung.

Ein einfaches mündliches Statement sollte kurz und präzise sein, aus einer einleitenden Kernaussage bestehen, zwei bis drei deutliche Argumente folgen lassen, mit einem klaren Apell als Handlungsaufforderung enden und insgesamt nicht viel mehr als eine halbe Minute dauern. Und das möglichst unmittelbar.

Beispiel: *„John, bei allen elektrischen Arbeiten ist auch im spannungsfreien Zustand ausschließlich Elektrowerkzeug mit isoliertem Griff zu verwenden und nicht das da! Falls irgendwo von irgendwem ein Fehler gemacht wurde und DU genau dann mit dem blanken Stahl in der Hand am Arbeiten bist, kann Dich das*

Dein Leben kosten. Du arbeitest jeden Tag, irgendwann kommt alles zusammen. Also, hol Dir jetzt unverzüglich das richtige Werkzeug und benutze immer das richtige Werkzeug!"

Ein solches Vorgehen sollte vor allem auch von den arbeitsverantwortlichen Elektrofachkräften vor Ort umgesetzt werden. Schließlich sind bei den eigentlichen Arbeiten diese zumeist direkt involviert. Klare Ansagen zu machen, ist im Rahmen der Führung als Verantwortliche Elektrofachkraft durchaus Ihre Pflicht, sobald dies erkennbar und erforderlich ist.

Eine klare Ansage gibt jedem neben der potentiellen Verlängerung des eigenen Lebens auch direkt die Möglichkeit, das eigene Fehlverhalten direkt zu erkennen und gibt damit etwas für engagierte Mitarbeiter sehr Wertvolles: die Chance zu lernen!

Neben den erörterten, konventionell arbeitsrechtlichen Schritten bleiben aber noch ein paar andere Möglichkeiten, insbesondere, wenn die mündliche Ermahnung oder auch mehrere Gespräche nicht fruchten und man die Eskalation nicht weiterführen kann oder will. Der Entzug des EFK-Status wurde bereits erwähnt. Insbesondere, wenn Sie zwar die Verantwortung für die Elektrosicherheit tragen, jedoch keine disziplinarische Befugnis im Sinne einer Personalentscheidung haben.

Eine Versetzung in einen anderen Bereich als Teil des Weisungsrechts des Arbeitgebers wäre auch denkbar, ist aber ebenfalls mit Personalbefugnis verbunden.

Zudem sollte eine Versetzung auch unter Einbeziehung der betreffenden Stelle passieren wohin versetzt wird sowie natürlich der betroffenen Person.

Das beste Mittel bleibt aber, von vornherein alle in ein Boot zu holen und für eine Struktur zu sorgen, in welcher alle Mitarbeiterinnen und Mitarbeiter nicht nur mit den Vorgaben der Elektrosicherheit vertraut sind, sondern diese auch mittragen und optimalerweise mitdenken.

Daher muss klar sein: Das Einhalten von Sicherheitsvorschriften darf niemals zu Nachteilen für Angestellte führen. Wer um seinen Job fürchten muss, weil er aufgrund von Sicherheitsvorschriften ein Soll nicht zu erfüllen droht, wird sich allzu leicht in eigener, oft auch ganz unbewusster Abwägung gegen die elektrotechnische Sicherheit beziehungsweise für die Absicherung seines Arbeitsplatzes entscheiden.

Einen derartigen Mangel in der betrieblichen Sicherheitsstruktur zu dulden, stellt ein Organisationsverschulden dar. Sollte ein derartiger Mangel sogar mutwilliger Absicht entspringen, so sei angemerkt, dass eine Geschäftsleitung, welche bewusst das Leben und die Gesundheit der eigenen Mitarbeiterinnen und Mitarbeiter sowie Kunden aufs Spiel setzt, sich im Falle des öffentlichen Bekanntwerdens dieses Umstandes alsbald nicht mehr auf dem Chefsessel, sondern viel eher vor Gericht wiederfindet.

Die unschöne, aber doch für Sie gute Nachricht: Da diese ein Organisationsverschulden begründenden Teile der

Unternehmensstruktur zumeist nicht im Einflussbereich der Verantwortlichen Elektrofachkraft liegen, ist dies dann auch nicht Ihr Verschulden, zumindest, solange Sie auf diesen Mangel hingewiesen und alles Ihnen Mögliche unternommen haben, um diesen zu beseitigen. Aber auf jeden Fall ist es dann das Verschulden des Arbeitgebers.

Zum Glück, oder unglücklicher Weise, ist so etwas bei Weitem nicht immer eine böswillige Absicht, sondern ergibt sich aus Fehlern in der Struktur, wonach jeder Mitarbeiter auf der Fachebene ein gutes Arbeitsergebnis abliefern und alles vermeiden möchte, was dieses gefährdet. Sollte – auch wenn vielleicht fälschlicherweise – der Eindruck bei Mitarbeitern bestehen, dass die Vorschriften der Sicherheit in der beschriebenen Weise den eigenen Job bedrohen könnten, müssen Sie auf jeden Fall mit der Geschäftsleitung darüber sprechen.

Auch sollten Sie auf die konkrete Gefahr des Organisationsverschuldens hinweisen. Und es muss ganz klar sein, dass das Nichteinhalten von Sicherheitsvorschriften auf jeden Fall zu arbeitsrechtlichen Konsequenzen führen kann. Grundsätzlich gilt: Jeder Mensch hat, weil er ein Mensch ist, das Recht darauf, unter menschlichen Bedingungen zu arbeiten, wozu ganz eindeutig die Sicherheit gehört. Die Arbeit an der Akzeptanz Ihrer Sicherheitsstrukturen gehört daher genauso zu Ihren Aufgaben wie das Aufbauen dieser Strukturen selbst.

Elektrosicherheit als Projekt?

Gerne wird in der modernen Arbeitswelt in geradezu inflationärer Weise jede denkbare Aufgabe fälschlicherweise als Projekt tituliert. Und auch, wenn viele im Projektmanagement angewandten Methoden hilfreich sind, ist die Aufgabe der Verantwortung über die Elektrosicherheit grundsätzlich kein Projekt. Grundsätzlich, aber nicht abschließend!

Ein Projekt ist ein einmaliges, zeitlich begrenztes und damit abzuschließendes Vorhaben, an dessen Ende ein erreichtes Ziel als Ergebnis steht. Die Elektrosicherheit ist aber niemals abgeschlossen! Egal, wie gut Ihre Sicherheitsstruktur ist, sie muss stets auf dem aktuellen Stand gehalten und den sich ändernden Gegebenheiten angepasst werden.

Damit ist die Elektrosicherheit als ein kontinuierlicher Verbesserungsprozess grundsätzlich sogar das Gegenteil eines Projektes. An sich wäre man somit eigentlich näher an den grundlegenden Ideen des Qualitätsmanagements als am Projektmanagement. Allerdings kann die Etablierung der Elektrosicherheit oder des Aufbaus eines neuen Systems als Projekt angesehen werden, wenn man denn unbedingt den Begriff Projekt benutzen möchte.

Ebenso einzelne, kleine Aufgaben wie die Gefährdungsbeurteilung können jeweils als einzelnes Projekt betrachtet werden, müssen es aber nicht.

Hier könnte man zudem natürlich darüber auch fachlich streiten, da auch eine Gefährdungsbeurteilung keine einmalige Angelegenheit darstellt, aber bei der Anschaffung etwa einer neuen Anlage oder Produktionsstraße kann gerade die erstmalige Durchführung einer Gefährdungsbeurteilung als kleines Projekt betrachtet werden.

Unabhängig davon, wie Sie das Kind nun nennen, sollten Sie aber in jedem Fall im Kopf behalten: Die Elektrosicherheit im Unternehmen ist keine Aufgabe, die Sie endgültig abschließen können, solange das Unternehmen existiert, sie ist und bleibt eine Daueraufgabe. Es ist eine Daueraufgabe, bei der Sie nicht alleine sind. Das bedeutet aber nicht, dass die Methodik des Projektmanagements keine Hilfe sein kann, im Gegenteil!

Die Fülle an Methoden des Projektmanagements stellen einen wertvollen Werkzeugkoffer darf. Mit diesen Werkzeugen als Ergänzung zu Ihrem gesunden Menschenverstand lässt es sich an Aspekten wie Planungssicherheit, Qualitätskontrolle, Strukturaufbau oder Teambuilding sehr gut arbeiten, sowohl für Sie als Verantwortliche Elektrofachkraft allein als auch mit Anderen.

Falls es diese in Ihrem Unternehmen gibt, so sprechen Sie ruhig auch mit Kollegen aus den Bereichen Projektmanagement und Qualitätsmanagement, dies kann spätere Probleme bei der Umsetzung der Elektrosicherheit in den vielen anderen Zahnrädern des Unternehmens vermeiden. Selbst, wenn Sie mit der Elektrosicherheit in Ihrem Unternehmen aus welchen Gründen auch immer ausdrücklich nicht Teil der Qualitätsmanagementstruktur sein sollten, ist es stets hilfreich, diese zu kennen, um die Gestaltung etwaiger Schnittstellen zu erleichtern.

Ob Sie nun also einzelne Aufgaben als Projekte bezeichnen oder nicht, beziehungsweise sogar als Projekte gestalten, liegt sowohl an Ihnen als auch an der Unternehmenskultur und -struktur.

Darüber Klarheit zu haben, was einen kontinuierlichen Verbesserungsprozess und was eine abzuschließende Aufgabe darstellt, gehört aber zu den Grundlagen Ihrer Tätigkeit.

Im Endeffekt bleibt es Ihnen überlassen, wie Sie Ihre Aufgabe erfüllen. Abhängig von den definierten Vorgaben kann es sehr zu empfehlen sein, dies aber in einzelne Aufgaben zu unterteilen und sich der Projektmanagementmethoden zu bedienen.

Dies hängt auch ein wenig mit der personellen Entwicklung zusammen: Haben Sie ein Team, welches dauerhaft bleibt und im Tagesgeschäft seine Rolle inne hat beziehungsweise erhalten wird, oder sind die Mitarbeiter und vielleicht auch Sie nur temporär da und es soll einen definierten Übergabepunkt zum Ende ihrer Tätigkeit geben? Vor *„Wie stehen Sie?“* steht ganz am Anfang dieser Überlegungen die Frage nach dem eigentlichen Ziel.

Was uns in der Gefährdungsbeurteilung als das im Maßnahmenkapitel beschriebene (S)TOP erscheint, ist im Projektmanagement das SMART. Das Apronym SMART steht für “*Specific Measurable Achievable Reasonable Time-bound*”. Der Vergleich passt allerdings auch nur bezogen auf den zentralen Grad der Bedeutung. SMART ist dafür da, Zielsetzungen korrekt und eindeutig zu definieren. Der Klarheit wegen in aller Kürze, welche Anforderung an ein Projektziel gestellt werden:

- **S**pecific: Ziel muss eindeutig definiert sein.
- **M**easurable: Ziel muss messbar sein.
- **A**chievable: Ziel muss erreichbar sein.
- **R**easonable: Ziel muss sinnvoll und realistisch sein.
- **T**ime-bound: Ziel muss zeitlich definiert werden können.

Sollten Sie die Einführung einer Elektrosicherheitsstruktur als Projekt durchführen, müssen Sie sich besonders klar über die Ziele sein, da die Elektrosicherheit selbst ein kontinuierlicher Verbesserungsprozess ist, welcher im Gegensatz zum Projekt nicht abgeschlossen wird.

Viel zu leicht verschwimmt damit die Idee des initialisierenden Projektes „*Einführung einer Elektrosicherheitsstruktur*“ mit der dann folgenden Aufgabe der Pflege, Aufrechterhaltung, Erneuerung und kontinuierlichen Verbesserung der Elektrosicherheit. Es ist auch möglich, dass Sie zum Aufbau einer Elektrosicherheitsstruktur als Experte eingesetzt werden und die eigentliche Rolle der Verantwortung später jemand anderes übernimmt.

Dies braucht klare Schnittstellen, welche im Regelfall mit dem Projektende des Aufbaus gesetzt sind und durch die, wie eben beschrieben, definierten Ziele einen eindeutigen Rahmen bilden. Um dies auch an dieser Stelle kurz zu verdeutlichen, muss der Umfang Ihrer Zuständigkeit klar definiert sein.

Sollen Sie für alle elektrotechnischen Arbeiten, Anlagen und Betriebsmittel zuständig sein, also für jeden Lichtschalter, jede Kaffeemaschine, jede Produktionsanlage und alle denkbaren Kontakte von Mitarbeitern zu diesen Installationen, oder sind Sie explizit für einen bestimmten Teilbereich verantwortlich? Und sofern etwas davon auch als abzuschließende Aufgabe angesehen werden soll: Handelt es sich dabei um ein wirkliches Projekt beziehungsweise können Sie einzelne Aufgabe als eigene Projekte betrachten? Und wenn dem so ist: Ist es Ihres oder übergeben Sie es an einen Ihrer Mitarbeiter und übernehmen lediglich Ihre Verantwortung von einer höheren Ebene aus? Und nicht zuletzt müssen Sie auch das Tagesgeschäft Ihres Unternehmens berücksichtigen, welches womöglich auch einzelne Anlagen lediglich temporär für Projekte mit einem eigenen Projektleiter installiert, die später wieder demontiert werden. Spätestens in einer solchen Konstellation sind Sie mit dem Thema Projektmanagement konfrontiert und müssen mit diesem interagieren.

Die grundsätzlichen Projektmanagementansätze sind die des klassischen oder des agilen Projektmanagements. Der bekannteste Vertreter des agilen Projektmanagements ist

Scrum. Die Arbeit basierend auf wiederkehrenden, iterativen Schleifen ist, kurz gesagt, das Kernmerkmal der agilen Methode Scrums.

Der Hauptunterschied von klassischem Projektmanagement und agilen Methoden liegt primär in den sowohl kürzeren als auch detaillierteren Planungsphasen, da Aufgaben möglichst kleinteilig definiert und mit festen Deadlines versehen werden, als auch in der tendenziellen Selbstorganisation des Teams, welches nicht auf das konkrete „Go" eines Projektleiters warten muss, weswegen es diese Rolle bei Scrum in der Form gar nicht gibt.

Agiles Projektmanagement ist weder grundsätzlich besser oder schneller als klassisches Projektmanagement noch ersetzt es vollständig klassisches Projektmanagement; geschweige denn ist es ein komplett neuartiger Ansatz – auch, wenn die Managementlektüre im Wartezimmer des örtlichen Zahnarztes gerne etwas anderes vermuten lässt.

Wie so oft ist auch ein Ansatz an Projektmanagement-methodik nur ein Werkzeugkoffer, aus welchem man sich bedienen muss, da die Anforderungen der Realität ohnehin häufig nach gemischter Methodik verlangen. Sie sind es, der über die passende Methode oder über das Zusammenwirken unterschiedlicher Methoden als Hybridstruktur entscheidet.

Im Folgenden daher einige weitere Instrumente aus dem Werkzeugkoffer des Projektmanagements, welche natürlich auch in Mischvarianten genutzt werden können oder nur als

Inspiration beim Erstellen einer eigenen Vorgehensweise hilfreich sein können.

Das Wasserfallmodell:

Der Wasserfall ist eine klassische Projektmanagement-Methode. Es geht um den schrittweisen Ablauf von Initialisierung, zu Analyse, Planung, Durchführung, Überwachung, Steuerung und Abschluss. Das Prinzip des Wasserfalls ist, dass das Wasser nie bergauf fließt und jede Stufe des Wasserfalls durchlaufen muss, bevor es die nächste Stufe erreicht. Es bedeutet, die Phasen des Projektes auch im Voraus zu planen und dann stufenweise durchzuführen. Dies ist besonders effektiv bei Vorhaben, welche sich nicht über längere Zeit hinziehen und sequenziell gut planbar und vorhersehbar sind.

Das V-Modell:

Das V-Modell ist ebenfalls ein lineares Vorgehensmodell im Projektmanagement, in welchem einzelne Prozesse in fest definierte Phasen untergliedert werden. Im Unterschied zum Wasserfallmodell stehen den einzelnen Stufen die Testphasen entgegen, um frühzeitig systematische Fehler zu erkennen. Es wird vorwiegend dort eingesetzt, wo tendenziell komplexe Systeme entwickelt werden, welche sich dennoch sehr gut in Komponenten und Unterkomponenten gliedern lassen. Auch wird jede Stufe frühzeitig mit Tests geprüft, was allerdings auch zu einer erhöhten Bürokratie führen kann.

Die Meilensteintrendanalyse:

Diese ist eine tendenziell leicht durchführbare Projektmanagementmethode, deren größte Stärke darin besteht, Terminverzögerungen frühzeitig zu erkennen. So werden Meilensteine vorab terminlich fest geplant; sie werden ebenso in unbürokratischen Meetings bezüglich des Sachstands, der Schwierigkeiten und Aufgaben betreffend kurz und effizient besprochen. Voraussetzung dieser Methode ist, die einzelnen Meilensteine des Projektes vorab mit verbindlichen Terminen zu deren Erreichen zu definieren.

Kanban:

Bei Kanban werden alle Aufgaben einfach in drei Spalten sortiert. Diese sind „Zu erledigen“, „In Bearbeitung“ und „Erledigt“. Gerade bei gut funktionierenden Teams ist dies eine sehr gute Methode. Aber auch für sich allein kann diese Methode gut angewendet werden. Zudem ist sie besonders gut für den Alltag und das Tagesgeschäft einsetzbar, wodurch einzelne Aufgaben nach ihrem Bearbeitungsstand strukturiert werden. Es lässt sich auch eine zweite Dimension als Hilfestellung einfügen. So können die Sortierungen nach „Zu erledigen“, „In Bearbeitung“ und „Erledigt“ als Spalten betrachtet werden, wobei innerhalb einer Spalte beispielsweise die wichtigeren Aufgaben an oberer Stelle stehen, während sich die weniger wichtigen unten finden. Die Priorisierung einzelner Aufgaben dient nicht nur Ihrer Planung, sondern fördert auch die Übersichtlichkeit.

Six Sigma:

Die Methode Six Sigma basiert auf statistischen Verfahren zur Beschreibung, Messung, Analyse, Optimierung und Kontrolle einzelner Prozesse. Das Hauptwerkzeug wird diesen Prinzipien entsprechend genutzt als sogenannter DMAIC-Zyklus. DMAIC steht für „*Define*", „*Measure*", „*Improve*", „*Control*".

Lean:

Die Grundphilosophie nach Lean ist die Verschlankung und damit die effizienzorientierte Arbeit, deren größter Feind die Verschwendung von Ressourcen ist, egal ob zeitlicher, materieller oder personeller Natur. Lean setzt auf eine intensive Teamkultur, Prozessflexibilität und kreative Denkprozesse.

Das Ziel Ihrer Arbeit mit Methoden

Sie haben unterschiedliche Methoden, welche bei der Umsetzung der Aufgabe in der Elektrosicherheit hilfreich sein können, kennengelernt. Dies war natürlich primär die Gefährdungsbeurteilung als wichtigstes Instrument sowie die technischen, organisatorischen und persönlichen Maßnahmen nach dem (S)TOP-Prinzip. Aber auch die Einblicke aus dem Projektmanagement gehören hierzu.

Wie in vorigen Kapiteln bereits erörtert: Alle Methoden sind nur Werkzeuge, die Sie zur Hand nehmen können, aber nicht müssen. Einen Nagel besser mit einem Hammer als mit einer Zange einzuschlagen, leuchtet jedem ein, weswegen es wichtig ist, die Werkzeuge zu kennen.

Es sind aber Sie, auf den es ankommt: Sie nutzen Ihre Werkzeuge, Sie arbeiten mit Ihren Werkzeugen und Sie setzen Ihre Werkzeuge so ein, wie Sie es für richtig halten, denn Sie tragen die Verantwortung. Sie dürfen sich von Werkzeugen nicht in Ihren Möglichkeiten einschränken lassen. Im Gegenteil: Diese sind dazu da, die Möglichkeiten, welche Sie haben, zu erweitern. Auch dies sollten Sie im Kopf behalten, Sie sind es, der die Verantwortung trägt, Sie sind es, der sagt, wie der Hase läuft.

Zuvor wurde bereits das Qualitätsmanagement erwähnt und dabei auch betont, dass es sehr hilfreich sein kann, aber nicht zum Selbstzweck verkommen darf, ebenso wenig wie die

Elektrosicherheit selbst. Nutzen Sie also die beratende Funktion von Kollegen aus dem Qualitätsmanagement, aber behalten Sie die Zügel in der Hand und seien Sie sich im Klaren, was Ihre Ziele sind. Hierbei ist es wichtig, mit vorhandenen Unklarheiten aufzuräumen, indem die Frage nach dem Ziel sowie der Aufgabe der Elektrosicherheit geklärt wird.

Allgemein wird die Elektrosicherheit gerne mit dem Grundsatz verdeutlicht, dass es zu keinen elektrischen Unfällen kommt. Und tatsächlich sind beispielsweise gerade die Qualifizierungen, welche mein Team in meinem Unternehmen durchführt, einem Laien am besten zu beschreiben mit *„Wir sorgen dafür, dass Mitarbeiter unserer Kunden in der Lage sind, ihre Arbeit sicher durchzuführen, ohne selbst in Gefahr zu kommen oder gar sich selbst sowie andere in Gefahr zu bringen*".

Dies ist ein wichtiger Grundpfeiler der Elektrosicherheit. Einen Schritt weitergedacht und positiv formuliert, ist das Ziel, dass *„jede Mitarbeiterin und jeder Mitarbeiter stets sicher nach Hause kommt und sich daher auch im Unternehmen wohlfühlen kann"*.

Im großen Kontext der Unternehmensziele ist aber Ihr Ziel einer sicheren Arbeit in der Elektrotechnik eine der Säulen, auf welchen die höheren Ziele der Unternehmensführung stehen. Eine gute Elektrosicherheitsstruktur wirkt sich damit positiv auf das Arbeitsklima aus, welches zur Stabilität des Unternehmens insgesamt führt.

Sie ist Teil der nachhaltigen Lieferkette, welche zur vertrauensvollen Teilnahme am Weltmarkt beiträgt. Ebenso auch zur Glaubwürdigkeit des Unternehmens als verantwortungsbewussten Arbeitgeber, welcher sich wirklich um seine Belegschaft kümmert.

All diese übergeordneten Effekte lasten nicht allein auf den Schultern der Elektrosicherheit, diese ist lediglich eine Säule, ein Puzzlestück, eine von mehreren, bedeutenden Faktoren des Unternehmens.

Und doch ist die Unfallfreiheit allein kein hinreichendes Ziel der Elektrosicherheit, auch, wenn es das zentrale Merkmal ist. Man könnte die Unfallquote auch als eine Messgröße betrachten, sie ist aber nicht ausreichend.

Stellen Sie sich vor: Sie verhindern erfolgreich Unfälle im Unternehmen, aber dafür müssten Sie mehrere Anlagen regelmäßig aus Sicherheitsgründen stilllegen. Glauben Sie wirklich, dass sich Mitarbeiter in einer solchen Umgebung wohl- und sicherfühlen, wenn *„ständig“* die Anlagen so unsicher sind, dass die verantwortliche Person diese lieber abschalten lässt? Wäre die Unternehmensleitung erfreut darüber, dass dadurch regelmäßig der Betriebsablauf mindestens gestört, wenn nicht sogar stillgelegt würde? Wären die übergeordneten Ziele, wie sie so schön aufgelistet wurden, dadurch nicht eher gefährdet denn gesichert? Und würden Sie sich wirklich als erfolgreich bezeichnen wollen? Schließlich hätten Sie das Ziel der *„Unfallfreiheit“* eingehalten.

Ihr Ziel ist sehr viel mehr als nur die Unfallfreiheit: Das Ziel der Elektrosicherheit ist der Aufbau sowie die Aufrechterhaltung einer Struktur, in welcher ein sicheres und möglichst reibungsloses Arbeiten umgesetzt wird. Auch, wenn Sie also keine direkte Verantwortung für die höheren Ziele des Unternehmens tragen, sollten Ihnen diese bewusst sein.

Sie arbeiten im Team und die Sicherheit aller elektrischen Anlagen und Arbeiten im Unternehmen ermöglichen dies. Elektrosicherheit ist eine Investition in das Unternehmen selbst und schützt vor sehr viel mehr als nur elektrischen Gefahren.

Es ist also an Ihnen, dafür zu sorgen, die Werkzeuge der Methoden und Verfahren, die zur Verfügung stehen, zu nutzen. Sie tragen die Verantwortung, Sie wählen Ihre Methoden, Sie entscheiden!

Das Organigramm als Bauplan der Struktur

Aufgaben abgeben und delegieren

Auch, wenn oft gleichgestellt, so gibt es einen gewichtigen Unterschied zwischen dem Delegieren und dem Abgeben von Aufgaben: Wenn Sie eine Aufgabe delegieren, so lassen Sie jemanden eine eigene Aufgabe erledigen, beispielsweise, um mehr Zeit für andere Aufgaben zu haben.

Beim Abgeben von Aufgaben weisen Sie eine Aufgabe einer Person zu, welche zwar in Ihrem Verantwortungsbereich liegt, jedoch nie als eine Ihrer Aufgaben gedacht war. Insbesondere, wenn Sie dazu tendieren, die Dinge selber zu erledigen, sollten Sie sich sehr genau der Unterscheidung zwischen Delegieren und Abgeben bewusst sein.

Da Sie als Elektrotechnikerin oder Elektrotechniker auch in einer Verantwortungsposition weiterhin eine Fachkraft sind, nämlich die Verantwortliche Elektrofachkraft, unterstelle ich Ihnen aus eigener Erfahrung und aus meiner Erfahrung mit den besten Kunden mit den besten Absichten einfach, dass Sie dazu tendieren, die Dinge auch mal selbst anzupacken.

Da Sie durchaus in einer Vorbildrolle unter den Elektrofachkräften als „*Gleicher unter Gleichen*“ stehen, ist eine Hands-On-Mentalität auch durchaus positiv zu bewerten und damit ein durchweg positiver Charakterzug, welcher die Akzeptanz Ihrer Rolle, Ihrer Strukturen und Ihrer Vorgaben durchgängig bestärkt.

Zeitgleich müssen Sie sehr darauf achten, der inneren Tatkraft nicht in überlastender Weise zu erliegen. Es empfiehlt sich daher, für Ihre eigene Aufgabe der Elektrosicherheit auch einen klaren zeitlichen Umfang zu definieren. Insbesondere dann, wenn Sie nicht ausschließlich die Aufgaben der Elektrosicherheit innehaben, sondern auch andere Tätigkeiten ausführen.

Seien Sie sich darüber im Klaren, dass gerade die hohe Verantwortung der Elektrosicherheit keine Nebentätigkeit ist, die Sie mal eben *„On Top"* erledigen. Sie ist eine umfangreiche und vorrangig zu behandelnde Tätigkeit.

Daher sollten Sie klar festlegen, wie viele Arbeitsstunden im Monat Ihnen hierfür zur Verfügung stehen, seien Sie hierbei auch unnachgiebig. Auch sich selbst gegenüber! Überlegen Sie daher auch gut, welche Aufgaben Sie abgeben und welche Sie delegieren.

So kann das eigentliche Durchführen der Gefährdungsbeurteilung beispielsweise den jeweiligen qualifizierten Anlagen- oder Bereichsverantwortlichen überlassen werden. Wie bei so vielen Aufgaben steckt darin unheimlich viel Kleinarbeit, mit der Sie sich selbst nicht auseinandersetzen können, allein von dem zeitlichen Aufwand her wird das schwierig.

Aber auch vom Inhaltlichen, da Sie nicht jede Anlage so gut kennen wie die jeweils Verantwortlichen, welche tagtäglich mit dieser Anlage arbeiten.

Am Ende spart man sich auch bei den Einzelressortverantwortlichen auch keine Arbeitszeit, wenn Sie alles selber machen. Dies liegt daran, dass beispielsweise die Anlagenverantwortlichen sich zumeist mit der konkreten Anlage, mit welcher sie täglich zu tun haben, ohnehin besser auskennen als Sie. Diese Anlagenverantwortlichen müssten Sie also bei der Gefährdungsbeurteilung ohnehin sehr intensiv unterstützen und dann können die Anlagenverantwortlichen die Gefährdungsbeurteilung gleich selbst machen. Also lassen Sie es ruhig die machen, welche die Anlagen kennen.

Es ist übrigens auch durchaus wichtig, dass eine Anlagenverantwortliche Elektrofachkraft auch in der Lage ist, eine Gefährdungsbeurteilung durchzuführen. Sollte das nicht gewährleistet sein, sorgen Sie für eine ausreichende Qualifizierung. Das Abgeben und Delegieren von Aufgaben ist also auch ein wichtiger Aspekt des Einbeziehens aller Beteiligten in die Struktur der Elektrosicherheit.

Dies erhöht sowohl die Akzeptanz als auch das erforderliche Basisfeedback, also das Feedback, welches von der Basis kommt, also von den Personen, welche direkt und alltäglich an und mit den elektrotechnischen Anlagen arbeiten.

Elektrosicherheit hat direkt mit der operativen Basis zu tun und soll daher auch nicht als theoretisches Konstrukt allein von oben kommen, sondern gerade aus der täglichen Arbeit an der Basis heraus als Fundament aufgebaut werden. Dies bedarf neben einer rein fach- und zuständigkeitsorientierten Organisation auch einer funktionierenden Kommunikation.

Die Kommunikation ist bei Aufgaben, welche delegiert werden, noch viel wichtiger als bei Aufgaben, die abgegeben werden. Bedenken Sie auch: Sie selbst als für die Elektrosicherheit verantwortliche Person haben Ihre Aufgabe von der Unternehmens- oder Betriebsleitung delegiert bekommen.

Daher sollte neben einer klaren Definition und Abgrenzung von Kompetenzen auch die Kommunikation geregelt sein und eine geplante Regelmäßigkeit erfahren. Dies kann auch in einem Gremium passieren, in welchem nicht nur die Elektrosicherheit vertreten ist.

Dabei sollte der Geschäftsführung oder Betriebsleitung auch klar sein, dass sie die Verantwortung an Sie delegiert und nicht abgegeben hat. Ihre Unternehmensführung wird diese Verantwortung also nie vollständig los und muss sich bewusst sein, dass eine Haftung der Unternehmensführung selbst nicht erst dann eintritt, wenn eine Verantwortliche Elektrofachkraft die eigene Position aufgibt. Dies geschieht bereits dann, wenn die Verantwortliche Elektrofachkraft, welcher aber von der Unternehmensführung nicht die erforderlichen Kompetenzen eingeräumt werden, auf Mängel hingewiesen hat, welche beseitigt werden sollen.

Daher sollte die Organisation selbst als auch die jeweiligen Aufgaben für jede Person und Abteilung klar dargestellt werden; Kommunikationsstrukturen sollten ebenso definiert werden.

Das eigentliche Organigramm

Das Organigramm wird gehässigerweise gerne auch als *„Planlos auf einen Blick"* verspottet, wobei natürlich jedem klar ist, welch hohen Wert ein Organigramm hat. Ein solcher Spott verdeutlicht jedoch auch die in der Verwendung eines Organigramms liegende Gefahr, sich durch eine grobe Übersicht der Zuständigkeiten in die Illusion einer fertigen Struktur zu manövrieren.

Daher ist die Klarheit über Abgeben und Delegieren von Aufgaben mitunter ein so wichtiger Punkt, welcher vorab behandelt wurde. Die wertvollste, kritische Frage hinter jedem Punkt eines Organigramms ist ein einfaches *„Was heißt das jetzt konkret?"*

Sollte es bereits ein rein fachliches Organigramm im Unternehmen geben, welches sich beispielsweise auf Zuständigkeiten im regulären Tätigkeits- oder Produktionsablauf des Unternehmens bezieht, sollten Sie dieses zumindest beim Aufbau Ihres Organigramms vor sich liegen haben. Je ähnlicher sich unterschiedliche Organigramme des Unternehmens sind, desto weniger Verwirrung und damit auch mehr Klarheit und Akzeptanz sowie weniger Bürokratie herrscht in den Betriebsabläufen.

Ein Organigramm ist die graphische Darstellung eines Organisationsaufbaus. Sinn und Zweck ist es, damit eine bessere Übersicht zu erhalten, um Zusammenhänge und Aufgabenverteilungen sowie Verantwortlichkeiten besser zu verstehen.

Gerade Leitungs- und Verantwortungsbeziehungen sollen übersichtlich abgebildet werden. So sind neben der hierarchischen Struktur und der Verteilung von Aufgaben auch Unterstützungen und personelle Besetzungen in einem Organigramm ersichtlich.

Organigramme sind auf allen Planungsebenen ein wichtiges Tool geworden. Dies zeigt sich auch in der Fülle an angebotener Software, selbst die gängigen Text- und Tabellen-Anwendungen verfügen über die Möglichkeit, Organigramme zu erstellen.

Es gibt drei Grundformen der strukturellen Darstellung in einem Organigramm: das *„Hierarchische Organigramm"*, das *„Flache Organigramm"* und das *„Matrix-Organigramm"*.

Das Hierarchische Organigramm ist die am meisten verbreitete Organigrammform. Die Struktur geht von oben nach unten und verdeutlicht damit direkt ablesbar die unterschiedlichen Entscheider-Ebenen.

Je weiter oben eine Person beziehungsweise Position steht, desto höher ist deren Entscheidungskompetenz. Das Flache Organigramm ist zumeist für kleinere Betriebe gut geeignet, in welchen es keinen nennenswerten Mittelbau gibt.

Die seltenste Variante ist das Matrix-Organigramm. Es ist ein Hybrid aus Hierarchischem und Flachem Organigramm. Besonders bei mehreren, sich überkreuzenden Hierarchiezuordnungen wird diese Form gerne eingesetzt.

Für welche Variante Sie sich auch entscheiden, an oberster Stelle steht die Übersichtlichkeit. Die Frage der Verantwortlichkeiten, der Fachkompetenzen und der Kommunikationswege sollte möglichst ersichtlich sein.

Ihr Organigramm verdeutlicht damit die Spielregeln Ihrer Struktur, gibt damit nicht nur den Soll- oder Istzustand wieder, sondern hilft Ihnen auch bei der Strukturentwicklung oder einer Umstrukturierung. Sollen Sie etwa eine bestehende Elektrosicherheitsstruktur übernehmen und anpassen oder vielleicht sogar sanieren, sollten Sie zuerst ein Organigramm der bestehenden Struktur als Ausgangspunkt nehmen.

Sollte in einem solchen Fall die leider viel zu häufige Antwort *„Organigramm? Was für ein Organigramm? Wir haben kein Organigramm?“* lauten, so erstellen Sie es oder lassen Sie es erstellen. Das Organigramm ist wie alle anderen Darstellungsverfahren ein Werkzeug, welches Sie so nutzen sollten, wie Sie es für sinnvoll erachten. Der Nutzen und die Sinnhaftigkeit sind die wichtigsten Maßstäbe bei der Wahl Ihrer Mittel und Methoden.

Zusammengefasst: Ein Organigramm dient der klaren Übersicht und der Darstellung des Zusammenhangs von Verantwortlichkeiten, hierarchischen Strukturen, Weisungs- und Unterstützungsbeziehungen, Verteilung von Aufgaben und personeller Besetzung. Damit unterstützen Sie den Aufbau und die Kommunikation von Strukturen der Elektrosicherheit und verbessern den Informationsaustausch.

Jedoch sind Organigramme häufig stark vereinfachend, lassen fehlende Glieder oft gar nicht gut erkennen und erzeugen somit die Illusion einer vollständigen Struktur.

Zudem ist es sehr aufwendig, sie bei sich entwickelnden oder kontinuierlich ändernden Systemen auf dem neuesten Stand zu halten. Als graphische Darstellung ansonsten schriftlich festgelegter Strukturen können Organigramme damit leicht die Ursache von Struktur-Inkonsistenzen werden.

Insgesamt sind Organigramme jedoch ein geradezu unverzichtbares Instrument der Planung und Darstellung in der Struktur der Elektrosicherheit, welches nutzbringend und sinnvoll einzusetzen ist.

Der Plan: Damit man weiß, wovon man abweicht!

Jeder Plan ist nur so gut wie seine Umsetzung. In der Realität ist er zudem auch nur so gut wie die eigene Fähigkeit, ihn anzupassen. Die Planung einer Elektrosicherheitsstruktur mag in ihren groben Zügen klar vorgezeichnet sein.

Im Detail steckt jedoch nicht nur der Teufel, sondern auch die Kunst der flexiblen Umsetzung. Im Laufe der Arbeit wird es immer wieder Anpassungen geben. Da stellt sich natürlich die Frage, in welchem Umfang überhaupt ein Plan vorab erstellt werden sollte, wenn dieser ohnehin geändert oder gar über den Haufen geworfen werden muss. Tatsächlich sollte man sich gut überlegen, wie detailliert ein Plan schon vorab definiert werden soll.

In zumindest die Grundstruktur aufzeichnenden Zügen ist es dennoch sinnvoll. Allein, um zu sehen, an welchen Stellen aus welchen Gründen vom ursprünglichen Plan abgewichen werden musste, ist ein sehr wichtiger Hinweis, um überhaupt die erforderliche Struktur zu erkennen.

Eine Aufgabe wird oft so beendet, wie sie begonnen wurde, und das sollte nicht planlos sein. Seien Sie also auch nicht zu streng mit sich selbst, wenn die ursprünglichen Pläne nicht ganz nach Ihrer Vorstellung aufgehen.

Nutzen Sie die sich aus den Planänderungen ergebenden Möglichkeiten als Organisation sowie zum persönlichen Lernen – frei nach dem Motto *„It's not a bug, it's a feature*!" Oder, um es mit Albert Einstein zu sagen: *„Planung ersetzt Zufall durch Irrtum*".

Ihre Fähigkeit des Strukturaufbaues misst sich nicht zuletzt daran, wie gut Sie die Anforderungen der Elektrosicherheit an die Gegebenheiten Ihres Betriebs anpassen können. Und denken Sie daran: Am Ende ist es nicht der Plan, der Ihnen sagt, was Sie zu tun haben, Sie sind es, der den Plan gestaltet.

Die Perfektion einer Elektrosicherheitsstruktur wäre dann erreicht, wenn Sie mit dieser sich selbst überflüssig gemacht hätten. Diesem Ziel entgegen zu streben, wird Sie nicht arbeitslos machen, denn zum einen handelt es sich dabei um ein Ideal und Ideale sind ebenso wie Utopien nicht unbedingt dafür bekannt, allzu häufig realisiert zu werden.

Zum anderen handelt es sich bei der Elektrosicherheit, wie bereits verdeutlicht, nicht um etwas, das abgeschlossen werden kann wie ein Projekt, sondern um einen kontinuierlichen Verbesserungsprozess.

Kontinuierliche Verbesserungsprozesse können beispielsweise anhand eines Demingkreises im klassischen Plan-Do-Check-Act, kurz PDCA, etabliert werden. Der PDCA-Zyklus ist ein iterativer Ansatz, also ein sich auf Wiederholung stützendes System.

Es kann trotz eines guten Organigramms notwendig werden, die Arbeitsweise und Kommunikation in Ihrem Team grundlegend zu verbessern. Dann würden Sie nach dem PDCA in der Planungsphase „Plan“ beginnen.

Dazu gehört die Sammlung der Aufgaben, die zu tun sind. Ein gefasster Plan muss auch gut ausgearbeitet werden. Dabei sind einige Fragen sehr hilfreich:

- Welche grundlegenden Probleme müssen gelöst werden?
- Welche Ressourcen sind hierzu erforderlich und welche stehen bereits zur Verfügung?
- Welche Ziele sind zu verfolgen?
- Gibt es eventuell mehrere Lösungen?
- Welche Parameter müssen erfüllt sein, um die Ziele zu erreichen?

Im der Umsetzungsphase „Do“ muss ein reibungsloser Ablauf sichergestellt werden. Sollte etwa die Arbeitsweise an einem bestimmten Anlagentyp problematisch sein, so können Sie exemplarisch Ihren Plan mit allen betroffenen Mitarbeiterinnen und Mitarbeitern an einer einzelnen Anlage oder Prozedur ausgiebig austesten, bevor die Umsetzung an allen identischen Anlagen oder Prozeduren erfolgt.

Der Schlüssel hierzu ist die Standardisierung der Aufgaben, Kompetenzen und Verfahren.

In der folgenden Prüfphase „Check“ geht es darum, Ihrer Umsetzung auf den Zahn zu fühlen. Seien Sie mit allen beteiligten sehr kritisch, um neue oder immer noch problematische Teile Ihres Prozesses zu identifizieren, um dies für die Zukunft abstellen zu können. Die Analyse gegebenenfalls problematischer Prozesse ist Teil der Prüfphase.

Die Handlungsphase „Act“ ist die letzte Phase im PDCA-Zyklus. Ist alles gut und wie geplant gelaufen, können Sie mit der Anwendung ohne Weiteres fortfahren.

Andernfalls geht es wieder in die Planungsphase, deswegen nennt es sich auch ein Zyklus. Im Endeffekt nutzen Sie etwas derartiges ja bereits auch im Rahmen der wiederkehrenden Gefährdungsbeurteilung.

Dieses Verfahren lässt sich damit wunderbar auch in Organisationsstrukturen anwenden.

Insbesondere dann, wenn alle Beteiligten mit einem solchen Vorgehen oder zumindest einem vergleichbaren bereits vertraut sind. Das letzte Wort aber haben Sie als Verantwortliche Elektrofachkraft. Nicht zuletzt gehört hierzu auch die Priorisierung von Aufgaben.

Prioritäten festlegen und danach arbeiten

Priorisierung ist einer Ihrer wichtigsten Kunstgriffe. Das wichtigste Hilfsmittel hierbei haben Sie bereits kennengelernt: die Gefährdungsbeurteilung. Gefahren mit einer hohen Wahrscheinlichkeit und einer sehr schlimmen Folge haben eine sehr hohe Priorität, deswegen nutzen wir in der Gefährdungsbeurteilung für diese auch ganz intuitiv so gerne die Farbe Rot!

Es wird aber nicht alles immer in der Gefährdungsbeurteilung auftauchen. Viele Aufgaben stapeln sich anfangs unauffällig, doch sehr bald mit geradezu bakterienkolonieartiger Geschwindigkeit auf Ihrem Schreibtisch, Kalender, Smartphone etc. – die Biester nisten wirklich überall!

Sie brauchen dringend ein System zur Einordnung Ihrer Aufgaben. An dieser Stelle soll exemplarisch eine Methode grundsätzlich vorgestellt werden, welche jedoch dringend an Ihre Bedürfnisse anzupassen ist: das Eisenhower-Prinzip!

Die Grundform ist ein Quadrat mit vier Feldern, welche durch zwei Achsen beschrieben werden. Dies sind zum einen die Achse der Wichtigkeit und zum anderen die Achse der Dringlichkeit.

Aufgaben können prinzipiell also wichtig und dringend, wichtig, aber nicht dringend, unwichtig und nicht dringend oder unwichtig, aber dringend sein.

Logischerweise ist etwas, das wichtig und dringend ist, unverzüglich zu erledigen. Natürlich kann jede der Achsen mehrere Abstufungen erhalten, wodurch sich deutlich mehr Felder ergeben können.

Diese Eisenhower-Matrix ist tatsächlich auch dem Prinzip der Gefährdungsbeurteilung nicht unähnlich, was aber zugegebenermaßen bei einer zweidimensionalen Kreuzdarstellung auch wirklich in der Natur der Sache liegt.

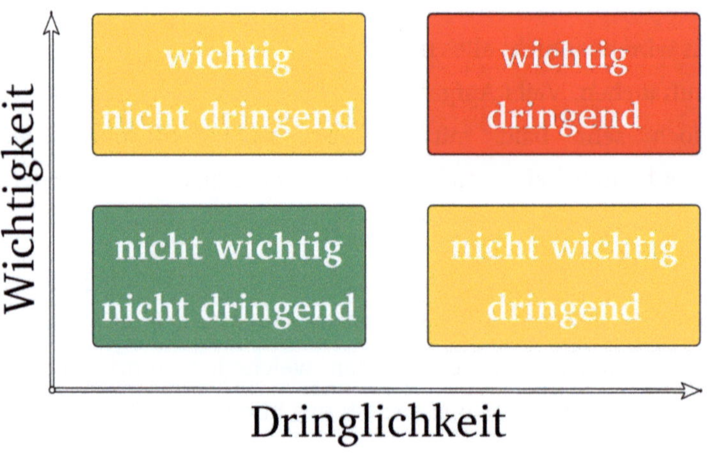

Nach dem klassischen Eisenhower-Prinzip, wie es gerne in den Grundlagen des Zeitmanagements gelehrt wird, sollten Aufgaben, welche weder dringend noch wichtig sind, direkt in den Papierkorb verschwinden.

Ganz nach dem Motto „*Wird schon wiederkommen – und wenn nicht, ist auch okay*".

Dies tun Sie bitte nicht! Wenn es um die Elektrosicherheit geht, landet etwas vielleicht in einer Liste, welche nur einmal im Jahr im Rahmen einer Sicherheitsbegehung hervorgeholt wird, aber genau das ist auch Sinn und Zweck der Sache.

Man kann natürlich jährlich erneut feststellen, dass man sich darum nicht kümmern muss – aber raten Sie mal: Genau, damit haben Sie im Kleinen bereits einen zentralen Aspekt der aktualisierten Gefährdungsbeurteilung durchgeführt. Herzlichen Glückwunsch, es ist damit nichts hinten runtergefallen und auch nichts unter den Teppich gekehrt worden.

Und ja, natürlich können Sie sich dabei auch irren. Selbst kollektiv kann man sich bei der Einschätzung irren, manchmal sogar leichter denn alleine. Hätten Sie die Aufgabe, die Gefahr, das Problem einfach nur in den Papierkorb verschoben und im Endeffekt wäre es doch wichtig gewesen, kann leicht der Verdacht aufkommen, man habe es absichtlich verschwinden lassen, um Gelder zu sparen, Zeitpläne nicht zu gefährden oder anderweitig Einzelinteressen über die Sicherheit gestellt.

Natürlich ist es auch nicht toll, wenn etwas falsch beurteilt werden sollte, aber immerhin zeigt man, sich mit dem Thema regelmäßig auseinandergesetzt zu haben, auch dann, wenn man einen Fehler begangen hat. Das ist auch tatsächlich einer der Zwecke der jährlichen Sicherheitsbegehungen, auf dem aktuellen Stand zu bleiben und sich auch mal Zeit für die vermeintlichen Kleinigkeiten zu nehmen.

Aber auch ohne einen Fehler zu machen (nun doch zum anderen Ende der Skala): Wichtig & Dringend! Ja, um Aufgaben, welche wichtig und dringend sind, muss man sich umgehend kümmern.

Und gerade in der Phase des Aufbaus der Elektrosicherheit kann es durchaus öfter vorkommen, dass bestimmte Aufgaben sowohl wichtig als auch dringend sind, keine Frage!

Sobald aber eine Elektrosicherheitsstruktur aufgebaut ist und man sich im Tagesgeschäft befindet, gilt für Sie als Verantwortliche Elektrofachkraft: Wenn in der Elektrosicherheit eine noch unerledigte Aufgabe auftaucht, welche sowohl wichtig als auch dringend ist, sollte das Konzept Ihrer Elektrosicherheitsstruktur dringend überdacht und überarbeitet werden!

Etwas was dringend und wichtig ist, muss zumindest provisorisch bereits gelöst worden sein, um nur noch wichtig zu sein, wenn Sie sich damit befassen.

Wenn es ein Leck im Schiffsrumpf gibt, so wissen auch alle Matrosen, dass sie unmittelbar und eigenständig handeln müssen. Die Meldung an den Kapitän sollte beispielsweise lauten „*Wir haben das Leck provisorisch gestopft, aber das ist keine Dauerlösung, sollen wir den nächsten Hafen anlaufen oder selbst reparieren*?“ und keinesfalls etwas wie „*Jo, also da unten steht bereits das Wasser hüfthoch, aber wir waren uns nicht sicher was wir tun sollen: Was sollen wir also tun Käpt'n?*"

Bei der Elektrosicherheit ist das vergleichbar: Bei akuten Gefahren, die also sowohl eine hohe Wichtigkeit als auch Dringlichkeit haben, muss bereits auf unterer Ebene ein klares Handeln erfolgen.

Wenn Ihre Struktur dies entweder gar nicht hergibt, oder aus dieser heraus nicht klar ist, dass dies zu passieren hat, stimmt etwas mit Ihrer Struktur nicht! Brennt es? Abschalten und Feuerwehr rufen, egal, ob die hauptverantwortliche Person im Büro sitzt, im Urlaub ist oder nebendran steht!

Ihre Struktur muss funktionieren, ohne dass Sie durchgängig vor Ort sind, um alle Entscheidungen zu treffen. Bauen Sie Ihre Struktur so auf, dass alles längere Zeit auch ohne Ihr zutun funktioniert.

Das heißt nicht, dass Sie nichts zu tun haben werden, ganz im Gegenteil. Eine gut funktionierende Elektrosicherheitsstruktur braucht stetige Verbesserung, sie ist ein sich kontinuierlich verbesserndes System.

Aber Aufgaben, die bei Ihnen landen, sind im optimalen Fall nicht sowohl wichtig als auch dringend. Denn in diesem Fall würde es sehr leicht schon zu spät zum Handeln sein, sobald Sie diese Aufgabe erreicht.

Ebenso sollten wichtige, aber nicht dringende Themen auf jeden Fall Ihnen zugetragen werden. Jeder Mensch in Ihrer Struktur muss wissen, was zu tun ist.

Ihre Aufgabe ist es, mitunter im Vorfeld dafür zu sorgen, dass diese Menschen es auch wissen. Der Einsatz geeigneter Mitarbeiter auf unterschiedlichen Positionen Ihrer Struktur ist also ein zentraler Pfeiler der Elektrosicherheit in Ihrem Unternehmen.

Auswahl, Einsatz und Führung geeigneter Mitarbeiter

Um Missverständnisse bei der Interpretation des Themas dieses Kapitels zu vermeiden (vorweg, worum es nicht gehen soll): Es soll nicht darum gehen, wie passende Bewerber im Vorstellungsgespräch ausgesucht werden. Das ist nicht die Zielsetzung dieses Kapitels und bei größeren Unternehmen auch selten in Ihrer Hand, zumindest nicht in jedem Einzelfall, auch, wenn Sie auf jeden Fall klar machen sollten, was Sie von Mitarbeitern insgesamt erwarten.

Es geht vielmehr darum, unter den vorhandenen Mitarbeitern die geeigneten für bestimmte Aufgaben auszuwählen. Holen Sie sich das Kapitel über Elektrofachkräfte wieder ins Gedächtnis.

Bei der Definition der Elektrofachkraft ging es nicht nur um den rein formalen Ausbildungsgrad der Elektrotechnik, dieser war viel mehr lediglich ein Beleg der Basiskompetenz, eine Art Fundament, auf dem man sehr gut aufbauen konnte. Es ist durchaus möglich, sogar promovierte und höchst begabte Elektrotechniker im Team zu haben, die eine wahnsinnig wichtige Aufgabe am Schreibtisch beziehungsweise Rechner als Koryphäe auf ihrem Gebiet ausführen, welche man aber lieber niemals allein an eine Anlage lässt, aus der nicht unbegründeten Befürchtung heraus, sie würden mindestens die Anlage grillen, oder vielleicht sogar sich selbst.

Wenn dieses Gefühl trotz auch weitergehender Sicherheitsqualifizierungen bleibt, könnte die naheliegendste Lösung die beste sein: Sie lassen diese Kollegen nicht alleine an eine Anlage! Das ist keine Geringschätzung, ganz im Gegenteil: Ihnen sind Ihre Mitarbeiter einfach zu wertvoll, um sie im wahrsten Sinne des Wortes zu verbrennen!

Neben der Mehrheit unter den Fachleuten gibt es gerade im genannten Kontext zwei Extreme: Entweder, sie haben so wenig Vertrauen in die eigene Feinmotorik, dass sie gelähmt vor der Angst, etwas falsch machen zu können, dann trotz oder gerade wegen genauester und sorgsamster Gedanken alles falsch machen. Oder sie haben ein so überzogenes Selbstbewusstsein, dass ihnen niemals in den Sinn kommen würde ihnen könnte etwas passieren, vermutlich aufgrund der unbewussten Annahme, die Elektronen selbst würden in der Gegenwart ihrer Aura vor Ehrfurcht erstarren. Beides ist problematisch.

Eine Elektrofachkraft darf keine irrationale Angst vor Elektrizität haben. Ein Bäcker mit einer Mehlphobie oder gar Allergie sollte auch lieber die Backstube meiden. Zum Glück hinkt dieser Vergleich, schließlich sind es dann selten Bäcker, welche in einem solchen Fall ihre Brote am Computer designen, damit andere ihre Meisterwerke umsetzen – in der Elektrotechnik kommt dies hingegen häufiger vor.

Setzen Sie Talente dort ein, wo diese am meisten positiv bewirken können. Es spricht nichts dagegen, einen höchstbegabten Entwickler nur als Besucher bei den Anlagen willkommen zu heißen und die manuelle Tätigkeit denen zu überlassen, die das besser können – und diese dann dafür aber auch entsprechend ebenfalls zu wertschätzen.

Ebenso wenig darf es einer Elektrofachkraft an dem Respekt vor der Elektrizität mangeln. Niemand ist ein unsterblicher Gott und niemand darf sich für so einen halten, wir sind hier nicht in der Medizin.

Zum Glück und zur Herausforderung Ihrer Führungsfähigkeiten arbeiten Sie nie mit nur einem einzelnen Mitarbeiter. Jeder Mensch, mit welchem Sie zu tun haben, hat seine eigenen Vorstellungen, Wünsche, Ängste, Hoffnungen, Freuden, Probleme, Ideen und Fähigkeiten. Und genauso, wie es bei den Aufgaben dieser Mitarbeiter auf deren Kooperation und Zusammenspiel ankommt, kommt es auch bei der Elektrosicherheit auf die Kooperation und das Zusammenspiel aller Beteiligten an.

Das gesamte Betriebsklima wirkt sich immens auf jegliche Sicherheit aus, einschließlich auch auf die von Ihnen verantwortete Elektrosicherheit! Kommen Sie nicht auf die Idee, dass zwischenmenschliche Faktoren da keine Rolle spielen würden, es menschelt immer und überall.

Wenn Ihren Mitarbeitern die Bedeutung der Elektrosicherheit nicht bewusst ist, dann wird auch keine Ermahnung oder Motivationsrede etwas daran ändern. Die Sicherheit aller muss das gemeinsame Interesse sein, welches zur Kooperation aller betroffenen Mitarbeiter motiviert. Qualifizierungen und regelmäßige Sicherheitsunterweisungen sind dabei ein wichtiger Faktor, jedoch steckt mehr dahinter.

Für Aufgaben in der Elektrotechnik ist es wichtig, dass sowohl fachkundige Andere (optimalerweise Verantwortung tragende Personen) als auch die Betroffenen selbst der Überzeugung sind, man sei für bestimmte Tätigkeiten befähigt.

Mit Überzeugung ist – gerade bei der Meinung Dritter – nicht eine Aussage gemeint wie *„Also, ich bin mir sicher, der betreffende Mitarbeiter kann das, aber wenn nicht, ist halt schade“*, sondern eher eine Überzeugung wie *„Ich bin mir sicher, der betreffende Mitarbeiter kann das, ich kann diese Überzeugung auch begründen und wenn ihm was passiert und meine Überzeugung hatte überhaupt keine Grundlage, weil sie doch nur so daher gesagt aus der Luft gegriffen war, so lande ich im Knast“*.

Das Gewicht einer Meinung ist stets mit dem Faktor persönlicher Konsequenzen zu verknüpfen. Daher ist auch im Umkehrschluss die Meinung der jeweiligen Mitarbeiter so unheimlich wichtig; schließlich setzen diese womöglich ihre eigene Haut im wahrsten Sinne des Wortes aufs Spiel!

Wenn es um die Sicherheit geht, lassen Sie die Mitarbeiter die Einschätzung zu deren Fähigkeiten stets auch selbst mitunterschreiben. Und das hat natürlich auch seine Abstufungen. Ein elektrotechnischer Laie, welcher lediglich ab und an beispielsweise die Produktionshalle oder einen anderen Bereich betreten muss, benötigt in den meisten Fällen lediglich eine einfache Sicherheitsunterweisung, um zu wissen, wo für ihn Schluss ist. Dieses Wissen beziehungsweise Verständnis bestätigt dieser durch seine Unterschrift auf der Teilnehmerliste während der Unterweisung.

Eine elektrotechnisch unterwiesene Person muss gegebenenfalls elektrotechnische Arbeiten durchführen können, trägt für diese aber nur eine stark eingeschränkte Verantwortung. Sie darf noch nicht einmal eigenständig freischalten oder in Betrieb nehmen, alle ihre Arbeitsergebnisse müssen durch eine Elektrofachkraft überprüft werden.

Die Elektrofachkraft selbst trägt damit eine deutlich höhere Verantwortung für sich als auch für andere. Wenn eine Elektrofachkraft eine Anlage freischaltet, geht es darum, dass sie selbst oder auch andere im Anschluss gefahrlos an dieser Anlage arbeiten können und dürfen.

Natürlich muss sie wissen, was sie tut, welche möglichen Folgen ihr Handeln oder Unterlassen hat und welche Verantwortung damit auf ihren Schultern lastet; darauf darf diese durchaus auch stolz sein, wie jeder Mensch, welcher die Verantwortung für seine Arbeit trägt.

Geht es um das Arbeiten unter Spannung oder anderweitig um erhöhte Gefahren, so ist sowohl die Qualifizierung als auch die Selbst- wie Fremdeinschätzung umso bedeutender. Scheuen Sie sich daher nicht, Entscheidungen darüber zu treffen oder treffen zu lassen, wem man welche Aufgabe zumutet.

Denn als Verantwortliche Elektrofachkraft stehen Sie ganz oben in dieser Pyramide als diejenige Person, welche nicht nur dafür verantwortlich ist, was sie tut oder unterlässt, sondern auch dafür, dass es eine Struktur gibt, welche es allen anderen ermöglicht, ihre Arbeit sicher und gut durchzuführen.

Die Wahrheit ist: Niemand in dieser Struktur ist ein rein passiver Befehlsempfänger. Gerade diejenigen, welche keinerlei eigenen Entscheidungen treffen, sondern umsetzen müssen, was ihnen gesagt wird, geben sehr wertvolle Rückmeldungen. Alle sind beteiligt an der Herausforderung, mögliche Probleme gemeinsam anzugehen, und sei es nur, dass in Ihre Richtung weitergemeldet wird, wenn jemandem eine potentielle Gefahr auffällt.

Es muss allen klar sein, dass die Augen offen zu halten, stets oberste Priorität hat. Wählen und qualifizieren Sie ihre Teams und Mitarbeiter mit Bedacht und ermöglichen Sie es Ihren Leuten, zu lernen.

Bedenken Sie bitte auch, dass Sie mit ganz unterschiedlichen Mitarbeitern zu tun haben werden. Nicht nur, was deren Persönlichkeit angeht, sondern auch deren Befähigungen und Berechtigungen. Es ist nicht nur eine Frage der Sachkenntnisse, ob Sie mit einer Elektrotechnisch unterwiesenen Person oder mit einer Großanlagenverantwortlichen Elektrofachkraft arbeiten. Gerade letztgenannte sind mindestens bis zu einem gewissen Grad auch in einer Führungsrolle unter Ihnen.

Für diese sind Sie in Punkto Elektrosicherheit Vorgesetzter, Coach und Kollege. Bei gemeinsamer Arbeit bietet sich also ein lösungsorientierter Ansatz an.

Der Begriff „lösungsorientiert“ wird leider auch sehr inflationär verwendet und oft fälschlicherweise im Kontext zu allem genannt, was eine Lösung am Ende erwünscht. Das ist allerdings nicht ganz korrekt. Negativ formuliert bedeutet „lösungsorientiert“, dass Sie Ihr Gegenüber für fachlich nicht ungeeignet halten. Positiv formuliert: Sie gehen davon aus, dass Ihr Gegenüber fachlich weiß, was er oder sie tut und daher in der Lage ist, das Problem korrekt zu beschreiben, zu beurteilen und einzuordnen.

Daher ist es beim lösungsorientierten Ansatz nicht notwendig, Zeit mit der erneuten Fehleranalyse zu vergeuden, sondern, dass die verfügbaren Ressourcen lieber in die gemeinsame Suche nach möglichen Lösungen investiert werden sollen. Aktives Zuhören als auch offene Fragestellungen sind hierfür ein sehr guter Ansatz. Gegenbeispiel eines nicht lösungsorientierten Ansatzes bei Personen, denen man vorsichtshalber keine Fähigkeiten unterstellt, wäre etwa die klassische Frage „*Haben Sie versucht, das Gerät aus und dann wieder einzuschalten*?“

Hiervon gehen Sie im Regelfall zumindest nicht bei den Mitarbeitern einer etwas höheren Verantwortungsebene aus (und wenn ja, sollten Sie sich schnell überlegen, ob diese an der richtigen Position sitzen).

Überhaupt ist eine offene und partnerschaftliche Kommunikation der Schlüssel zu einer guten und respektierten Führung durch Sie und einer erfolgreichen Zusammenarbeit mit Ihren Mitarbeitern. Dies gilt sowohl dann, wenn Sie lediglich für die Elektrosicherheit zuständig sind als auch, falls Sie zeitgleich zusätzlich die fachliche Führungsrolle als Manager haben.

Dennoch sollten Sie bei der Wahl Ihres Führungsstils nicht lediglich allgemeinen Schemata folgen, sondern sowohl Ihre Persönlichkeit als auch die der Mitarbeiter sowie andere Gegebenheiten berücksichtigen.

Hierbei spielt die Orientierung des Berufsfeldes eine größere Rolle, als man allgemeinhin gerne zugibt. Techniker sind beispielsweise weniger dafür bekannt, auf Lob wie *„Ich finde es ganz toll, wie klar Du Dir über die Probleme bist, da kannst Du wirklich stolz auf Dich sein*“ besonders positiv zu reagieren.

Während beispielsweise im rein sozialen Bereich, deren Kernaspekt natürlich der besonders umsichtige und fürsorgliche Umgang miteinander ist, eher nach der Devise *„Es wurde zwar schon alles gesagt, aber noch nicht von jedem“* in Meetings gearbeitet wird, empfinden die meisten Techniker übermäßige Rückfragen zu deren Befinden und überflüssige Wiederholungen eher als Beleidigung ihrer Intelligenz und ihrer Kompetenz, sich selbst zu äußern, wenn sie es für angebracht halten.

Hier wie dort kann man natürlich nicht jede Situation und erst recht nicht jeden Menschen über einen Kamm scheren.

Gewisse grundsätzliche Tendenzen, die sich in einem Kommunikationsklima widerspiegeln und auch widerspiegeln müssen, sind jedoch nicht von der Hand zu weisen. Bekanntlich ist der sicherste Weg, es sich mit allen zu verscherzen, der Versuch, es allen gleichermaßen Recht zu machen. Sie haben als Verantwortliche Elektrofachkraft auch stets eine gewisse Führungsrolle inne, welche über eine reine Vorbildfunktion hinausgeht, selbst dann, wenn Sie nicht disziplinarischer Vorgesetzter sind.

Es kann auch hilfreich sein, sich mit unterschiedlichen Führungskonzepten und Führungsstilen auseinanderzusetzen. Der Unterschied zwischen Führungskonzept und Führungsstil ist, dass ein Konzept eher eine übergeordnete Strategie beschreibt, während sich der Führungsstil mit der tatsächlichen Durchführung beschäftigt.

Die bekanntesten Führungskonzepte sind:

- Management by Objectives
- Management by Delegation
- Management by Exception
- Management by Result
- Management by Wandering Around

Beim Management by Objectives werden Ziele nicht einfach vorgegeben, sondern mit den jeweiligen Mitarbeitern gemeinsam festgelegt.

Beim Management by Delegation wird die Verantwortung und damit Entscheidungsgewalt an die Zuständigen abgegeben.

Beim Management by Exception setzt man auf die Eigenverantwortung und greift nur im begründeten Ausnahmefall ein.

Beim Management by Result wird nur ein Ziel vorgegeben, aber ansonsten Freiraum gelassen.

Beim Management by Wandering Around suchen Sie die Verantwortlichen in mehr oder weniger regelmäßigen Abständen an ihren Wirkungsstätten auf, um über die aktuellen Herausforderungen und den Stand der Dinge informiert zu bleiben und Hilfestellung anzubieten.

Die bekanntesten Führungsstile sind:

- Autoritäre Führung
- Kooperative Führung
- Gruppeneigene Führung
- Aufgabenorientierte Führung
- Bürokratische Führung
- Charismatische Führung

Beim Autoritären Führungsstil treffen Sie Entscheidungen, ohne andere in die Entscheidungsfindung einzubeziehen.

Beim Kooperativen Führungsstil erarbeiten Sie Entscheidungen mit den jeweiligen Mitarbeitern zusammen.

Beim Gruppeneigenen Führungsstil nehmen Sie sich weitestgehend zurück und lassen die jeweiligen Teams in der Gruppe eine Entscheidung erarbeiten.

Beim Aufgabenorientierten Führungsstil legen Sie Ihren Fokus nicht auf die Personen selbst, sondern auf die jeweiligen Aufgaben, welche Sie zuweisen.

Beim Bürokratischen Führungsstil stellen klar definierte Rollen der Zuständigkeiten das einzig relevante Kriterium dar.

Beim Charismatischen Führungsstil führen Sie allein durch Ihre Fähigkeit, andere zu begeistern und zu motivieren. Chaka!

Welches Führungskonzept und welche Führungsstile Sie auch fahren oder an welches Sie sich auch anlehnen, Sie werden um autoritäre Ansagen genauso wenig vollständig herumkommen wie um kooperative Ansätze. Ohnehin ist reale Führung selten eine Reinform, sondern abhängig von der jeweiligen Situation, der Personen und Anforderungen eine Mischform dieser.

Dies basiert mit auf dem Wertvollsten, was Sie haben: Ihrem gesunden Menschenverstand. All diese Stile und Konzepte stellen wieder einmal lediglich ein Werkzeug dar, welches Sie entsprechend Ihres Könnens, Wissens und Verstehens zu nutzen wissen.

Natürlich geht es bei der Führung auch in der Sparte der reinen Elektrosicherheit um den Aufbau eines Teams. Teams können ganz natürlich wachsen, was auch durch den Umstand einer gemeinsamen Aufgabe begünstigt wird. Sie können ein Team vielleicht zusammenstellen, aber zum Team zusammenwachsen, müssen die Teammitglieder schon selber.

Sie können höchstens begünstigende Rahmen hierfür schaffen und fördernd einwirken. Dafür können Teamentwicklungsmodelle hilfreich sein, eines davon soll daher kurz vorgestellt werden.

In Anlehnung an das Teamentwicklungsmodell nach Tuckman lassen sich die Phasen eines Teams in fünf Stufen der Teamentwicklung aufteilen, welche eher einen Kreis denn eine Abstufung darstellen. Hierbei handelt es sich um die folgenden Phasen:

- Forming
- Storming
- Norming,
- Peforming
- Renewing beziehungsweise Adjourning

Das Forming ist dabei die Kennenlernphase. Beim Storming finden die Teammitglieder ihren Platz und fechten dies teilweise auch untereinander aus. Beim Norming werden auch ungeschriebene Regeln des Miteinanders festgelegt, nachdem die jeweiligen Rollen verteilt sind. In der Phase des Performing erlebt man ein eingespieltes Team, in welchem sowohl die Kommunikation als auch die Arbeitsabläufe funktionieren.

Die fünfte Phase des Renewing wird im Original nach Tuckman als Adjourning bezeichnet und stellt beispielsweise die Auflösung des Teams dar.

Dies ist ein Ansatz aus dem Projektmanagement, welcher nicht auf die Kontinuität der Teamarbeit ausgerichtet ist, sondern auf den abschließenden Erfolg. In unserem Kontext der Elektrosicherheit geht es aber nicht um das Ende, sondern um die Veränderung von Teams durch personelle Änderungen.

Natürlich kann es hierbei, gerade im Rahmen von Umstrukturierungen, zur Auflösung von Teams kommen, allerdings ist das Augenmerk auf die Erneuerung zu richten, da nach dieser – ob durch komplette Veränderung oder nur einzelne Mitglieder – ohnehin die anderen Phasen mehr oder minder intensiv zwingend von vorne beginnen. Im Endeffekt erlebt aber jedes Team immer wieder alle diese Phasen – ob mit oder ohne personelle Veränderung – kontinuierlich.

Auch, wenn es in Ihrem Unternehmen vielleicht gar nicht Ihre explizite Aufgabe ist, Teams zusammenzustellen, sondern nur, mit bestehenden Teams zusammenzuarbeiten, so werden Sie allein durch Ihre Interaktion mit den Teams solche Phasen erleben. Allein aufgrund der Natur Ihrer Rolle werden Sie diese Teams beeinflussen.

Ein Team aufzubauen, ist jedoch kein Selbstzweck, auch wenn es mehr als nur förderlich ist, wenn sich die Mitglieder eines Teams wohlfühlen. Ein Team hat eine bestimmte Aufgabe, es hat für gewisse Ergebnisse zu sorgen oder definierte Ziele zu erreichen.

Es geht um die Sicherheit der elektrischen Anlagen, Betriebsmittel und Arbeiten. Behalten Sie den Erfolg des Teams genauso im Auge wie das Ziel selbst. Um ein Zitat von Henry Ford zu bemühen: *„Zusammenkunft ist ein Anfang. Zusammenhalt ist ein Fortschritt. Zusammenarbeit ist ein Erfolg“.*

Bedeutung nationaler und internationaler Gesetze, Vorschriften und Normen

Dieses Buch, welches sich nicht auf eine bestimmte Gesetzgebung bezieht, kann – wie kein Buch der Welt - eine Einzelfallberatung nicht ersetzen und eine gewünschte Rechtsberatung durch einen Rechtsanwalt erst recht nicht. Das sei zu Beginn dieses Kapitels nochmal verdeutlicht.

Normalerweise hätte dieses Buch bei der Art und Fülle der bearbeiteten Themen der Elektrosicherheit bisher von Verweisen auf Gesetzesparagraphen, Vorschriften, konkrete elektrotechnische Normen und andere Regelwerke strotzen müssen.

Dies war keine Nachlässigkeit, sondern ganz im Gegenteil eine recht große Herausforderung und damit beim Erstellen dieses Werkes beabsichtigt. Schließlich soll es explizit um die Elektrosicherheit als solche gehen und das möglichst auch in einem nicht landesspezifischen Kontext, sondern auf weitestgehend allgemeingültiger Ebene.

Daher auch immer wieder der Hinweis, sich im jeweiligen Detail mit den jeweils gültigen Vorschriften, Normen, Regeln und vor allem Gesetzen auseinanderzusetzen. Sie werden bei Ihrer praktischen Umsetzung auch nicht umhinkönnen, sich intensiv mit den für Sie gültigen Gesetzen, Vorschriften und Normen zu befassen!

Wir erleben auch eine zunehmend weltweite Harmonisierung. Neben den Organisationen weltweiter technischer Normen gibt es auch weitere wichtige Institutionen welche sich unseres Themas stark annehmen.

Auf weltweiter, internationaler Ebene ist die ILO zu nennen, die *„International Labour Organization“*. Die ILO ist eine der größten Sonderorganisation der Vereinten Nationen und damit beauftragt, soziale Gerechtigkeit sowie Menschen- und Arbeitsrechte im beruflichen Kontext zu fördern. Die Vereinten Nationen haben in der Agenda 2030 in der Zielvorgabe 8.8 die *„sicheren Arbeitsumgebungen für alle Arbeitnehmer“* festgelegt, was die internationalen Bemühungen der ILO um den Arbeitsschutz fördert.

Die Elektrosicherheit ist ein bedeutsamer Teil davon. Die ILO liefert mehr als 40 Normen und genauso viele Verhaltenskodizes, die sich speziell mit Sicherheit und Gesundheitsschutz am Arbeitsplatz befassen. Fast die Hälfte der ILO-Instrumente befasst sich direkt oder indirekt mit Fragen der Sicherheit und des Gesundheitsschutzes am Arbeitsplatz.

Als Organisation der Vereinten Nationen hat die ILO zwar keine direkt gesetzgebende Kompetenz, allerdings ein harmonisierendes Gewicht weltweiten Arbeitsschutzes und ist somit nicht lediglich als einflussnehmende Struktur, sondern besonders als inspirierende Institution und als Raum internationaler Zusammenarbeit mit hoher Bedeutung versehen.

Diese ist in einer zunehmend globalisierten Welt auch für die nationalen Gesetzesstrukturen relevant.

Die Grundlage von Gesetzen ist regulär eine gesetzgebende Instanz auf der Basis einer Verfassung. Darauf bauen alle anderen Gesetze auf. Auch, wenn es hierbei unterschiedliche Prinzipien gibt, lassen sich diese grundsätzlich in die Bereiche Zivilrecht und Öffentliches Recht aufteilen. Im Öffentlichen Recht wird das Verhältnis zwischen Bürger und Staat geregelt, während im Zivilrecht das Verhältnis der Bürger untereinander geregelt wird.

Die rechtlichen Grundphilosophien sind das *„Lex is Rex"*, also „Das *Gesetz ist König"* auch als *„Rule of Law"* bezeichnet sowie das *„Rex is Lex"* also das *„Der König ist das Gesetz"* auch als *„Rule by Law"* bezeichnet.

Wenn man sich die Rechtsstruktur als meisterlichen Bau vorstellt, so stellt eine Verfassung beziehungsweise ein Grundgesetz das Fundament dar und die Gesetze des öffentlichen Rechts und die Gesetze des Zivilrechts jeweils Säulengänge, auf denen die Decke der gesetzlichen Rechtsgrundlage ruht.

Darauf bauen rechtsverbindliche Konstrukte auf. Diese sind etwa Verträge oder Verordnungen. In der Symbolik des beschriebenen Rechtsgebäudes können unterschiedliche Regelungen als Dach betrachtet werden, welche uns Rechtssicherheit darüber geben, die darunter liegenden Verpflichtungen aus dem Gesetz korrekt erfüllt zu haben.

Die Ziegel dieses Daches sind etwa die Normen und technischen Regeln, welche uns als Gerüst und Hilfestellung dienen, unsere Verpflichtungen zu erfüllen. Normen sind selten starre und unbewegliche Vorgaben, die es, ohne darüber nachzudenken, buchstabengetreu zu befolgen gilt. Sie sind keine einsperrenden Gitter, eher stellen sie ein stabiles Gerüst dar, auf welchem man aufbauen kann. Wenn man sich innerhalb der Normen bewegt, weiß man, dass man sicheren Tritt hat. Wenn man dieses Gerüst verlässt, kann man sich an dieses Gerüst zumindest anlehnen, muss sich aber klar darüber sein, den Überbau selbst aufstellen zu müssen.

Es ist hilfreich, einige Regeln im Verständnis des Zusammenwirkens von Gesetzen, Vorschriften und Normen zu kennen.

Hierzu gehören etwa die allgemeinen Vorfahrtsregeln von grundsätzlich gleichwertigen Gesetzen oder Vorschriften, also einem horizontalen Widerspruch. Gibt es ein Gesetz, das einen Sachverhalt eher allgemein regelt, und dann noch ein Gesetz, welches einen konkreteren Fall speziell regelt, dann gilt im konkreten Fall die Regel *„Speziell vor Allgemein"*.

Sollten Sie also einmal auf zwei Gesetze oder Vorschriften stoßen, die beide auf Ihren Fall zutreffen, und eine davon behandelt Ihren Fall nur allgemein, die andere deutlich konkreter, so gilt die konkretere Vorschrift.

Im vertikalen Zusammenwirken finden wir oft eine Konkretisierung, welche uns bei der Ausführung unserer Pflicht unterstützt. Während sich rein staatliche Gesetze oft nur über die Pflichten auslassen, ohne auf die technischen Details einzugehen, geben uns Normen die Information, mit welchen konkreten Werten und Gegebenheiten wir diese Pflichten erfüllen.

Wenn man dem (S)TOP-Prinzip folgt, so sind etwa die Maßnahmen zur Umsetzung in unserer Hand, aber die Normen können uns eine Hilfeleistung darüber geben, welche konkreten Werte einzuhalten sind oder welchen Schutzgrad bestimmte Schutzeinrichtungen aufweisen.

Normen sind damit sehr wertvoll, da sich aus Vorschriften und Gesetzen allein bei Weitem nicht immer konkret ableiten lässt, wie die Sicherheit in Bezug auf die unternehmenseigenen elektrischen Anlagen umzusetzen ist.

Man weiß oft lediglich, dass man diese so gestalten soll, dass davon keine Gefahr ausgeht und man sich auch kontinuierlich darum kümmern muss. Das lässt so, für sich genommen, noch sehr viel Spielraum für Interpretation. Es heißt nicht zu Unrecht in einem alten Sprichwort „*Vor Gericht und auf hoher See ist man in Gottes Hand*“, aber das ist ein Grund mehr, sein Schiff, so gut es geht, auf die Beanspruchungen einer stürmischen See vorzubereiten.

Gleiches gilt für die Elektrosicherheit elektrischer Anlagen und elektrotechnischer Arbeiten. Dabei sollten Sie auf Ihre Erfahrung, auf von Ihnen gewählte Methoden und natürlich auch auf die Fähigkeiten und Kenntnisse der Mitglieder Ihres Teams zurückgreifen – das natürlich auf der Basis der für Sie geltenden Regeln.

Gesetze, Vorschriften und Normen sind nicht alles! Aber sie sind wichtig und geben Ihnen auch wichtige Hinweise.

Gestatten Sie aber auch noch einen weiteren Gedanken einzubringen: Neben Regeln, Gesetzen und dem fachlich so wichtigen, gesunden Menschenverstand gibt es auch noch natürliche Faktoren eines Menschen. Dabei ist der Gedanke: *„Bauen Sie Ihre Struktur, Ihre Vorgaben und Ihre Entscheidungen so auf, dass Sie jederzeit jedem Mitarbeiter in die Augen blicken können und dabei auf Ihre Arbeit und die Auswirkung Ihrer Arbeit auf dessen Leben stolz sein können*".

Das mag fast zu pathetisch klingen, aber es ist im Rahmen Ihrer Tätigkeit durchaus ein guter Kompass. Jeder vernünftige Mensch fühlt sich für seine Taten und Unterlassungen verantwortlich.

Natürlich kann auch ein Gefühl täuschen oder zu stark oder zu schwach in seiner Wirkung sein, aber in der Präventionsarbeit, in welcher Sie tätig sind, ist das Gebot der Menschlichkeit gegenüber den Personen mit, welchen Sie zu tun haben und die von Ihren Handlungen und Unterlassungen direkt betroffen sind, eines der vielen Messinstrumente, welche Methoden, Gesetze, Vorschriften und Normen sehr gut im Zusammenspiel ergänzen. Gesunder Menschenverstand sowie Menschlichkeit runden die Kompetenz der Rolle Ihrer Verantwortung ab.

Grenzen von Kompetenz und Verantwortung

Kompetenz ist nicht die bloße Befähigung, etwas zu tun. Kompetenz umfasst auch die Berechtigung, etwas zu tun! Jemand, der zu etwas zwar berechtigt, aber nicht befähigt ist, wird im Allgemeinen, negativ konnotiert, als inkompetent bezeichnet. Sollte jemand zwar befähigt, aber nicht berechtigt sein, spricht man etwas versöhnlicher formuliert davon, dass etwas die *„eigenen Kompetenzen übersteige"*.

Die Grenzen der Verantwortung und der Kompetenz sind also im optimalen Fall identisch. Über die Befähigung soll an dieser Stelle nicht viel weiter diskutiert werden, da von einer adäquaten Befähigung auf der Grundlage Ihrer Erfahrungen, Ihrer Qualifizierungen, Ihres Charakters und Ihres Verantwortungsbewusstseins ausgegangen werden kann. Dennoch sei hierzu nur angemerkt, dass sich die Befähigung von Ihnen im Rahmen Ihrer Tätigkeit, egal wie hoch qualifiziert Sie bereits sind, täglich steigert, da auch die allerbeste Verantwortliche Elektrofachkraft der Welt täglich dazulernt.

Bezogen auf die Verantwortung muss aber ganz klar sein: Sie können nur dafür wirklich Verantwortung tragen, worüber Sie auch zu entscheiden haben. Das bedeutet nicht, dass äußere Einflüsse Sie automatisch von der Verantwortung freisprechen würden, mitnichten!

Allerdings ist es undenkbar, Ihnen die volle und alleinige Verantwortung für etwas zu übertragen, ohne Sie, mit der zugehörigen Berechtigung darüber zu entscheiden, auszustatten. Die Entscheidungskompetenz muss für Ihren Verantwortungsbereich auch bei Ihnen liegen.

Bitte denken Sie auch daran: Selbst, wenn Sie Meister Ihres Fachs sind, bleiben Sie stets auch Lehrling Ihres Fachs. Ein Meister, welcher es aufgibt, etwas Neues zu lernen und die Demut zu besitzen, sich darüber klar zu sein, nicht alles zu wissen und jeden Tag etwas Neues lernen zu können, hat aufgehört, ein echter Meister zu sein. Lernen Sie, auch von Ihren Elektrofachkräften.

Im Kontext der Sicherheit ist einer der wichtigsten Lernerfolge die Fähigkeit, die Grenzen des eigenen Könnens einschätzen zu können. Dies ist auch eines der wichtigsten Ziele bei der Qualifizierung Elektrotechnisch unterwiesener Personen: Damit diese auch, ohne Elektrofachkraft zu sein, erkennen, wann für sie Schluss ist.

Entsprechend sollten auch Sie und alle Ihre Mitarbeiter dies können. Sie sind als Verantwortliche Elektrofachkraft Experte für Elektrosicherheit und hierfür auch zuständig. Sie sind damit nicht automatisch ein Experte für Brandschutz oder für chemische Gefahren unterschiedlicher Substanzen, die möglicherweise im Unternehmen lagern. Kooperieren Sie an entsprechenden Schnittstellen mit den Experten aus diesen Gebieten.

Sie als Verantwortliche Elektrofachkraft sollten konsultiert werden, wenn der Gefahrstoffexperte in der Nähe Ihrer Anlage Gefahrstoffe lagern will, und der Gefahrstoffexperte sollte von Ihnen konsultiert werden, wenn Sie neue Installationen in der Nähe von Gefahrstoffen veranlassen wollen. Die Zusammenarbeit unterschiedlicher Sicherheitsexperten aus unterschiedlichen Fachbereichen führt nicht nur zu einer höheren und klareren Sicherheit im Sinne des Risikomanagements, sondern auch oft zu weniger unnötigen oder falschen Sicherheitsmaßnahmen.

So werden verantwortungsbewusste Personen, welche sich in Verantwortungspositionen befinden, bei Themen, bei welchen Sie sich unsicher sind, eher höhere Restriktionen vorschreiben. Schlicht aus der Befürchtung heraus, es könnte etwas passieren, was Sie nicht einschätzen können. Sie würden gegenüber Ihnen unbekannten Chemikalien ja auch besonders vorsichtig sein, ebenso wie ein Gefahrstoffexperte gegenüber elektrischen Anlagen, ohne deren Zustand genauer zu kennen, schließlich kann er diesen ebenso wenig beurteilen wie Sie die Chemikalien.

Erst Ihre Zusammenarbeit sorgt für ein wirklich fundiertes Sicherheitsverständnis sowie eine gute Sicherheitsstruktur im Sinne des Risikomanagements. Damit soll nicht gesagt sein, eine möglicherweise höhere Vorsicht – als rein sachlich vielleicht erforderlich – sei grundsätzlich negativ, ganz im Gegenteil!

Größere Vorsicht gegenüber dem walten zu lassen, was man nicht so gut kennt, ist absolut gesund und trägt sehr stark zum Überleben bei. Allerdings sollte die Einschätzung von Gefahren, wenn möglich, besser auf Fachkenntnis und Expertenwissen beruhen, da man als Laie beide Extreme zeitgleich vertreten kann: Sowohl die einen Gefahren zu überschätzen als auch andere leicht zu unterschätzen. Sie sind Experte, Sie sind sachverständig für die Elektrosicherheit.

Kennen und klären Sie dabei aber auch die Grenzen Ihrer Verantwortung und ziehen Sie sich einen fremden Schuh nicht an, wenn er Ihnen nicht passt. Damit geraten Sie nur in des Teufels Küche.

Dies bezieht sich nicht lediglich auf Ihre Fachkenntnisse, sondern auch auf Ihre definierte Zuständigkeit. Bei der Ernennung durch die Geschäftsleitung zur für die Elektrosicherheit verantwortlichen Person sollte nicht nur ein *„Ab sofort sind Sie hier zuständig und verantwortlich für die Elektrosicherheit*" herauskommen, sondern auch eine klare Definition. Ansonsten müsste die Gegenfrage lauten *„Für welche Elektrosicherheit genau*?"

Dabei geht es nicht nur um die personen- und standortbezogene Verantwortung, sondern auch um die inhaltliche Zuständigkeit. Sind die Produktionsanlagen und Arbeiten an diesen gemeint, oder vielleicht auch alle Steckdosen und Lichtschalter sowie Kaffeemaschinen? Dies sollte klar definiert sein, um spätere Probleme zu vermeiden.

Sie müssen sich darüber klar sein, für was Sie zuständig sind und für was nicht und optimalerweise auch, wofür wer anders zuständig ist. Das heißt aber nicht, dass Gefahren eines anderen Bereichs Sie nichts angingen. Grundsätzlich gilt: Alle Gefahren gehen Sie etwas an!

Wenn Ihnen eine unmittelbare Gefahr auffällt, sind Sie natürlich verpflichtet zu handeln! Das bedeutet, unmittelbare Gefährdungen so weit wie möglich zu unterbinden – beispielsweise Personen anzuweisen, eine Handlung einzustellen oder aufzufordern, sich aus einem Gefahrenbereich zu entfernen.

Zudem sollten Sie – optimalerweise dokumentierbar (eventuell auch per E-Mail) – die Zuständigen unverzüglich informieren, wenn diese handeln beziehungsweise einen Missstand beseitigen müssen. Der Unterschied der Verantwortung zwischen Ihrem Verantwortungsbereich und einem anderen Verantwortungsbereich lässt sich kurz daran festmachen, dass Sie bei fremden Verantwortungsbereichen keine Verantwortung für Gefahren tragen, die Ihnen unbekannt sind und zu denen Sie auch nicht verpflichtet sind Präventivarbeit zu leisten. Auf konkrete Gefahren reagieren, müssen Sie, je nach Gesetzgebung, aber, genauso wie andere Mitarbeiter auch!

Was aber tun, wenn man Ihren Weisungen nicht folgen mag, beispielsweise, weil Sie nicht direkt zuständig oder weisungsbefugt sind oder weil sich die jeweilige Leitung vehement Ihren Weisungen widersetzt und auch die übergeordnete Ebene nicht bereit ist, Ihre Anweisungen oder dringenden Hinweise umzusetzen?

In diesem Fall gilt: Steter Tropfen höhlt den Stein! Versuchen Sie regelmäßig und mit einer sachlichen, kurzen und deutlich verständlichen Argumentation auf den jeweiligen Missstand hinzuweisen. Schreiben Sie E-Mails, dokumentieren Sie Ihr Handeln und nutzen Sie die Ihnen zur Verfügung stehenden Mittel. Auch muss klar sein, dass Sie nicht statt der Geschäfts- oder Betriebsleitung die Verantwortung tragen, sondern neben dieser.

So ist, wie bereits erörtert, die Verantwortung und damit Haftung der Geschäfts- oder Betriebsleitung bereits dann nicht ausgeschlossen, wenn die Verantwortliche Elektrofachkraft auf Mängel hingewiesen hat, dieser Elektrofachkraft aber von der Unternehmensführung nicht die erforderlichen Kompetenzen eingeräumt werden, solche Mängel zu beseitigen.

Zeitgleich kann von Ihnen als Verantwortliche Elektrofachkraft nur gefordert werden, wozu Sie auch grundsätzlich in der Lage sind. Werden Ihnen Handlungskompetenzen nicht eingeräumt, aber Sie haben zumindest mit Nachdruck und klar verdeutlicht, was erforderlich ist, um die Sicherheit zu gewährleisten, so geht die Verantwortung an diejenigen Personen, welche diese Kompetenzen haben.

Innerhalb Ihres Bereichs müssen Sie von Anfang an deutlich machen, wie wichtig die Sensibilität für die Gefahren von

Elektrizität für alle betroffenen Personen und insbesondere der Elektrofachkräfte ist. Wer sensibilisiert ist, hält Augen und Ohren offen. Wenn dann noch alle wissen, was wann zu tun ist, wer zuständig und wer zu informieren ist und welche Kompetenzen nicht nur andere, sondern auch man selbst hat, ist schon sehr viel gewonnen.

Alle Mitarbeiterinnen und Mitarbeiter tragen eine Verantwortung, nicht nur Sie alleine. Sie sind auf einer höheren Ebene, auf welcher Sie nicht nur aus einer möglichen Unbefangenheit oder Unwissenheit ein sensibles, kollektives Bewusstsein schaffen müssen, sondern auch eine Strategie zur Umsetzung der von Ihnen geschaffenen Struktur erarbeiten, um die Anforderungen der Elektrosicherheit umzusetzen.

Aber auch hier sei gesagt, die Definition Ihres Bereichs und der Schnittstellen zu anderen Bereichen ist wichtig. Sie tragen Verantwortung, aber auch jede Verantwortung hat ihre Grenzen. Man kann von Ihnen nur verlangen, was zumutbar ist. Wenn Sie alles Ihnen Mögliche und Ihnen Zumutbare getan haben, so haben Sie Ihre Aufgabe erfüllt und können am Ende des Tages getrost sagen: *„Ich bin zufrieden*".

Denn schließlich und endlich geht es auch bei Ihnen um das Wichtigste in einem funktionierenden Unternehmen: Aufmerksamkeit, Wachsamkeit, aktives Denken und Handeln sowie die Erfüllung Ihrer Pflicht.

Zu guter Letzt

Als leidenschaftlicher Segler habe ich natürlich etwas übrig für Seefahrergeschichten sowie für die Geschichte der Seefahrt. Erlauben Sie mir daher eine Analogie der Mitarbeiterstruktur in der Elektrotechnik zu der Besatzung eines altehrwürdigen Segelschiffes. Stellen Sie sich diese in etwa folgendermaßen vor:

Elektrotechnische Laien entsprechen den Deckleuten, Elektrotechnisch unterwiesene Personen den Matrosen, die Elektrofachkräfte und arbeitsverantwortlichen Elektrofachkräfte den Bootsleuten und Offizieren, die Anlagenverantwortlichen und Teamleiter unter den Elektrofachkräften den Führungsoffizieren und die Verantwortliche Elektrofachkraft dem Kapitän, während die Geschäftsführung der Admiralität entspricht, welche die großen Ziele vorgibt, ohne sich an der Schiffsführung zu beteiligen.

Wie Sie merken, fehlt ein Posten unter diesen Dienstgraden, nämlich der des ersten Offiziers. Nicht wegen der Analogie, aber wegen der Sinnhaftigkeit ist es sehr zu empfehlen, einen Stellvertreter zu haben; diese *„stellvertretende Verantwortliche Elektrofachkraft“* entspricht dann dem ersten Offizier eines Schiffes und ist für Sie ein wichtiges Glied in Ihrem Team.

Zunächst einmal der naheliegendste Grund: Sie sind nicht jede Minute da. Auch Sie sind mal in Urlaub, auch Sie wollen mal eine Pause haben. Auch Sie können, so wie jeder Mensch, krank werden. Es ist nicht nur für das Unternehmen, sondern auch für Sie ganz persönlich wichtig, Ihre Aufgabe auch in Ihrer Abwesenheit in guten Händen zu wissen. Sie sind ein Mensch und ein Mensch muss abschalten können.

Und wenn man weiß, dass sich in der Arbeit gut um alles gekümmert wird und man sich weniger Sorgen darum macht, ist das gerade im Krankheitsfall, aber auch während der eigenen Erholungsphasen sehr viel besser für die eigene Gesundheit.

Natürlich ist Ihr Job als Verantwortliche Elektrofachkraft nur dann richtig gemacht, wenn man auch mal eine Zeit lang ohne Sie auf Arbeit klarkommt. Wie erörtert, muss Ihre Struktur so aufgebaut sein, dass es möglichst nicht vorkommt, dass etwas sowohl dringend als auch wichtig ist, was nur Sie regeln oder entscheiden könnten. Dennoch bleibt auch Ihre Arbeit nicht stehen und sollte nicht auf Ihren Schultern alleine verbleiben.

Es ist zudem sehr hilfreich, jemanden an seiner Seite zu haben, der oder die als fachlich und persönlich geeignete Person einen unterstützt. Eine Person, mit welcher man Gedanken zu internen Themen fachlich austauschen, von der man sich Feedback holen und mit der man als Team arbeiten kann.

Ein Stellvertreter soll keine reine Urlaubs- und Krankheitsvertretung sein, sondern kontinuierlich miteingebunden werden. Das erleichtert Ihnen ungemein den Aufbau und Erhalt Ihrer Elektrosicherheitsstruktur.

Holen Sie sich bei Ihrer Aufgabe Unterstützung, fachlich, persönlich, thematisch. Ich lade Sie zudem herzlich ein, sich auf unserer Internetpräsenz unter www.tcs-engineering.de auch über unsere anderen Publikationen wie Hörbuch- und Schulungsangebote sowie Blogbeiträge zu informieren.

Und ich möchte Sie und alle Ihre Kolleginnen und Kollegen ermutigen, sich – auf welchem Weg und über welches Medium auch immer – *„up to date“* zu halten. Schön, dass Sie mit dem Lesen dieses Werkes diesem Grundsatz bereits folgen.

Jede Elektrofachkraft und auch die Verantwortliche Elektrofachkraft muss sich kontinuierlich sowohl mit den grundlegenden Regeln der Elektrotechnik als auch den jeweils in ihrem Fachgebiet liegenden Spezifikationen auf dem aktuellen Stand auseinandersetzen.

Dies soll auch natürlich im Rahmen der jeweils vor Ort geltenden rechtlichen und normativen Vorgaben geschehen. Insbesondere die Frage der Sicherheit muss hierzu im Vordergrund stehen.

Da niemand Elektrofachkraft für alle Themengebiete der Elektrotechnik gleichermaßen sein kann, gehört es auch zu einem deutlichen Zeichen an Kompetenz, sich der Grenzen der eigenen Fähigkeiten und Kenntnisse bewusst zu sein – ebenso auch sattelfest in den Grundlagen zu bleiben, selbst, wenn man sich längst persönlich und fachlich weiterentwickelt hat.

Sie sind und bleiben als Verantwortliche Elektrofachkraft eben auch Fachkraft und müssen am Ball bleiben. Dennoch sind Sie auf einer höheren Ebene tätig. Sie müssen natürlich in der Lage sein, sich mit allen Elektrotechnikerinnen und Elektrotechnikern grundsätzlich fachlich austauschen zu können, was Sie aufgrund Ihrer Fachkenntnisse sehr gut können.

Sie müssen aber nicht die einzelnen Fachaufgaben im Detail alle selbst umsetzen können. Es ist nicht Ihre Aufgabe, jederzeit jeden Mitarbeiter potentiell zu ersetzen und für diesen einspringen zu können, Sie sind schließlich nicht die Krankheits- und Urlaubsvertretung aller Elektrofachkräfte, Sie sind die weisungsbefugte, für die Elektrosicherheit verantwortliche Person in der Rolle der Verantwortlichen Elektrofachkraft. Ihre Aufgabe ist es, für eine Struktur zu sorgen, in welcher alle Mitarbeiterinnen und Mitarbeiter sich selbst sicher fühlen und in der Lage sind, Ihre Arbeit sicher durchzuführen.

Bitte denken Sie daran: An oberster Stelle steht die Sicherheit von Ihnen und von allen Menschen, die von Ihren Handlungen oder Unterlassungen betroffen sind – nicht nur im Arbeitsbetrieb, aber natürlich in erster Linie in diesem.

Dabei sollen Regeln und Vorschriften nicht zu einem Selbstzweck verkommen, sondern stellen eine Hilfe und damit eine Methode dar, um Ihre Sicherheit und die Sicherheit aller Kolleginnen und Kollegen zu gewährleisten.

Um es mit einem Zitat des Herrn Werner von Siemens aus dem Jahr 1880 zu sagen: *„Das Verhüten von Unfällen darf nicht als eine Vorschrift des Gesetzes aufgefasst werden, sondern als ein Gebot menschlicher Verpflichtung und wirtschaftlicher Vernunft“.*

Und dies betrifft jeden im Unternehmen, jeden Mitarbeiter. Im Rahmen Ihrer Aufgabe stellen Sie ganz automatisch Ihre Mitarbeiter in den Mittelpunkt. Vergessen Sie dabei aber nicht auch sich selbst.

Natürlich sind Sie als Verantwortliche Elektrofachkraft sehr wichtig im Unternehmen, natürlich sollen Sie auch Ihre eigene Persönlichkeit in Ihrer eigenen Aufgabe einbringen – wir arbeiten vielleicht an Maschinen, aber wir arbeiten mit Menschen, da ist das Persönliche stets wichtig. Jedoch ist es Ihre Aufgabe, an der Struktur der Elektrosicherheit zu arbeiten, an dieser als Gebäude und nicht nur als leeres Gerüst zu bauen.

Die Elektrosicherheit im Unternehmen kann, wie fast jeder andere Bereich, auf zwei grundsätzliche Arten erfolgreich arbeiten: Entweder auf der Basis einer sehr gut funktionierenden Struktur, deren sich alle Beteiligten bedienen und in die sie sich einbringen, oder auf der Basis des Heldentums Ihrer Person und anderer herausragender Persönlichkeiten im Unternehmen.

So verlockend die zweite Variante für das menschliche Ego zu sein scheint, glauben Sie bitte, wenn ich sage: Sie sollten zum Wohle aller sich nicht als Held aufopfern, sondern an der Struktur arbeiten.

Meine Analogie der Schiffsmannschaft hilft mir, ein schönes und klares Bild von der Aufgabe einer Verantwortlichen Elektrofachkraft zu sehen. Sie dürfen dieses gerne verwenden, aber grundsätzlich möchte ich Sie ermutigen, Ihr eigenes Bild zu zeichnen. Denn Sie wissen am besten, was zu Ihnen passt.

Gerne dürfen Sie mir auch Ihr Feedback schreiben. Senden Sie hierzu einfach eine E-Mail an vefk@tcs-gmbh.net .

Ich wünsche Ihnen bei Ihrer Aufgabe als für die Elektrosicherheit Verantwortliche Elektrofachkraft viel Erfolg und allen Mitarbeiterinnen und Mitarbeitern Ihres Unternehmens ein allzeit sicheres Arbeiten!

Materialien zum Buch erhalten Sie im kostenlosen Servicepaket zum Download unter tcs-engineering.de/downloads/ . Der Benutzername ist der Vorname des Autors in Kleinbuchstaben, das Passwort ist „*19074*“.